东北特色药材规范化生产技术

主 编

李爱民　路文鹏

副主编

肖佳美　魏盼盼　张正海

编著者

李爱民　路文鹏　肖佳美　张正海

魏盼盼　李润涛　廉士珍　范书田

赵晶晶　高　炜　王　彬　赵仁杰

金盾出版社

内 容 提 要

本书由中国农业科学院特产研究所李爱民研究员和路文鹏副研究员主编。主要内容:药用动(植)物饲养(栽培)管理,鹿、林蛙规范化养殖技术,人参、北五味子、平贝母、细辛、关龙胆、柴胡、关防风、甘草、穿龙薯蓣、刺五加、关黄柏、桔梗、高山红景天规范化栽培技术。内容丰富,特色突出,文字通俗易懂,科学性、可操作性强。适合广大药农及专业技术人员阅读,亦可供相关院校师生参考。

图书在版编目(CIP)数据

东北特色药材规范化生产技术/李爱民,路文鹏主编 . -- 北京 : 金盾出版社,2010.9
ISBN 978-7-5082-6500-1

Ⅰ.①东… Ⅱ.①李…②路… Ⅲ.①药用动物—饲养管理②药用植物—栽培 Ⅳ.①S865.4②S567

中国版本图书馆 CIP 数据核字(2010)第 133844 号

金盾出版社出版、总发行
北京太平路 5 号(地铁万寿路站往南)
邮政编码:100036 电话:68214039 83219215
传真:68276683 网址:www.jdcbs.cn
封面印刷:北京印刷一厂
正文印刷:北京三木印刷有限公司
装订:北京三木印刷有限公司
各地新华书店经销
开本:850×1168 1/32 印张:7.5 字数:178 千字
2010 年 9 月第 1 版第 1 次印刷
印数:1~8 000 册 定价:13.00 元
(凡购买金盾出版社的图书,如有缺页、
倒页、脱页者,本社发行部负责调换)

目　录

目　录

目　录

第一章　绪　论

东北三省动植物药材达 1 052 种,可作为商品的有 518 种,总蕴藏量多达 72 亿千克,价值 133 亿元之巨,中药材的分布带自西向东大都分布在每个省的东部山区,由于东北地区地跨温带及寒温带,地带性植被与国内其他地区不同,多样性植物区系的特点是植物资源种类较少,但种群数量大,可采经济量非常丰富。在植物药材类中,有许多是东北地区的地道药材,如山参、刺五加、平贝母、关防风、关龙胆、关黄柏、辽五味子、辽细辛等,历来为国内外药材市场所青睐,是畅销品种。在动物药材类中,梅花鹿茸、马鹿茸、林蛙等,在国内药材市场上久负盛名,热销不衰。进入 21 世纪后,东北三省野生动植物药材资源日渐匮乏,其产量呈逐年下滑之势,市场缺口加大,已成为我国一些大型中药企业开发生产和出口创汇的一大“瓶颈”,大力组织濒临灭绝物种的名贵药材人工种养具有十分重要的意义。

一、国际植物药市场现状及发展趋势

东方医学是以客观和传统医学为基础,进行综合和辨证施治;而西方医学是以微观分子学、细胞学为基础。虽然这种观念上、理论上的差距不是在短期内可以求得共识的,但中医药学已越来越受到西方国家的重视。这是因为现代疾病对人类的威胁正在或已经取代以往的传染性疾病,人类医疗模式已由单纯的疾病治疗转变为预防、保健、治疗、康复相结合的模式,各种替代医学和传统医学正发挥着越来越大的作用。同时,从化学合成物中发现新药的难度大、成本高、周期长,而且不良反应大,国际社会对天然药物的需求量日益扩大。由于中药大多数是复方药物，中药材的化学成分复杂多样，其药效主要来自于各种有效成分的协同作用，因此，一般不会产生耐药性和依赖性。尤其是对老年性疾病、慢性疾病、自身免疫性疾病、妇女疾病和一些疑难性疾病具有独特的疗效，因而受到人们的普遍欢迎。所以，国际社会对天然药物的需求正在日益扩大，形成了"回归自然"的热潮。英国和法国自 1987 年以来植物药的购买力分别上升了 70% 和 50%，而美国市场每年亦以高于 20% 的速度增长。日本的汉方制剂从 20 世纪 90 年代开始，每年都以 15% 以上的速度增长。国际植物药市场份额每年已达 270 亿美元。因此，世界各大制药公司均设立天然药物研究开发机构。目前，国际上约有 170 多家公司、40 多个研究团体在从事传统药物的研究和开发工作。与此同时，国际上申请的中药及其他植物药专利数量迅速上升。上述情况促使世界各国政府更加重视植物药，欧共体对草药进行了统一立法、加拿大和澳大利亚等国草药地位已经合法化、美国政府也已起草了植物药管理办法，开始接受天然药物的复方混合制剂作为治疗药。这些为中药作为治疗药进入国际医药市场提供了良好的国际环境。自 20 世纪 90 年代以来，国际植物药市场不断发展壮大，1996 年国际中草药市场年交易额为 160 亿美元，2000 年为 270 亿美元，年增长速度为 10%～20%。根据世界卫生组织最新统计，目前世界草药市场的总额已超过 600 亿美元（天然药物的原料供应商主要为中国、印度和巴西），并仍以年均 10% 的速度增长。有关国际组织预测，今后一段时期，国际传统药品市场将增长至 1 000 亿美元的销售规模。强劲的增长推动着资本前赴后继地投入到全球性的中药市场争夺战中。由于我国在运用新技术、新装备开发以及研究、生产天然药物上的落后，在目前国际中草药市场中只占 3%～5% 的份额，其余被日本、韩国、印度、泰国"四分天下"，这显然与我国悠久的历史文化和中草药资源大国的地位不相符合。目前，我国正在研究对策、加快中药现代化建设的步伐,中药产业将有一个长足的发展。

二、关于中药现代化

(一)中药现代化的提出

长期以来,我国的中药产品尤其是中成药很难进入国际市场,即便进入也多是以"食品补充剂"或"保健品"的身份。究其原因主要是传统中药的成分和疗效很难用现代科学的方法和手段进行衡量和评价。此外,由于受到作为中成药原料的中药材的生产规范性差及其他不确定性因素的影响,作为多组分化合物的复方中药很难实现质量稳定可控。面对 21 世纪,在中药正面临良好机遇的同时,又面临一系列严峻挑战。随着中国医药市场愈来愈融入国际医药大市场中,已面临强大跨国医药集团的激烈竞争,我国传统中药生产的众多产品,由于尚不能符合国际医药市场的标准和要求,销售份额较小。因此,在走向 21 世纪的关键时刻,具有传统优势的中医药,必须坚决依靠现代科学技术,努力开发中医药这个伟大宝库,通过实现中药现代化,更好地满足人民保健和经济建设的需要。我国在 1996 年提出"中药现代化科技产业行动计划",2002年颁布了《中药现代化发展纲要(2002—2010 年)》。

(二)中药现代化解决的主要问题

中药现代化是指将传统中药的特色和优势与现代科学技术相结合,按照国际认可的标准规范如《药品非临床安全性研究质量管理规范》(GLP),《药品临床质量管理规范》(GCP)以及《药品生产质量管理规范》(GMP)等对中药进行研究、开发、生产、管理,并适应当今社会发展需求的过程。中药现代化要解决的主要问题是高质量和稳定可靠的中药材原料生产;对所生产的中药原料和成品建立起一整套符合国际标准的质量标准；对现代中药中的各单味药及其复方中的药效物质基础，其作用机制有更深入的了解和揭示；对现代中药的疗效和安全性的评估达到国际普遍认可的高标准，在充分了解中药药效物质基础和药代动力学的基础上，采用先进的工艺流程，制成药物利用度最佳的现代剂型。与此同时，还将通过国际学术交流和现代营销手段，推广和传播现代中药的知识和信息；通过合资和融资积极引进并消化各种先进制药设备的技术以及药品的现代化管理。生物技术的应用以及信息化和智能化也将根据任务需要得到发展。在2007年国际生物经济大会上，国家科技部中国生物技术发展中心发布报告指出，在未来20年，我国将对中医药进一步现代化，形成中西医有机结合的医疗保健体系；加速实现中医现代化，进一步完善中医药理论体系，大幅度提高中医诊断与治疗水平，使更多的人民、更多的国家接受和享用中医技术；逐步实现中药现代化，逐步完善并广泛应用中药标准体系，系统化、标准化、规模化进行中药材的种植、养殖、生产和加工，提高中药创新能力；使中医药保健体系成为人民健康的重要支柱，85％的农村人口能享受到中医药的医疗保健服务；努力使国际社会广泛接受中医药，构筑4 000亿元的中医药产业。

三、中药材栽培的发展趋势

(一)中药材实施标准化生产

中药材生产的发展方向是产业化经营和规范化生产。中药材的质量直接影响中药产品的质量，中药现代化对传统医药的发展方针是"安全、有效、稳定、可控"。衡量中药材质量的标准除中药自身的有效成分外，还包括化学农药和重金属等外来污染物情况。我国中药材中的农药残留物及重金属污染，是造成中药材质量下

降的主要原因,并成为制约我国中药材出口的主要障碍。为贯彻
《中华人民共和国药品法》,保证中药材质量符合规定,以满足制药
企业和医疗保健事业的需要,实现中药标准化、现代化和国际化,
需要规范中药材生产过程。今后中药材生产必须认真实施我国即
将制定出的中药材生产质量管理规范(GAP)。GAP 的制定与发
布是政府行为,它为中药材生产提出应遵循的要求和准则,对于各
种中药材产品和生产基地来说是统一的。各生产基地在实施
GAP 的过程中,要根据各自的生产品种、环境特点、技术状态、经
济实力和科研实力,制定出切实可行的、达到要求的方法和措施,
即生产标准操作规程(SOP)。中药材标准化种植就是选择适宜的
生态条件,利用先进的生产技术和优良的品种进行规范化栽培,降
低农药残留量,以保证药材的质量。

(二)中药材产业化经营

目前,美国、日本以及欧盟都对天然药物原产地制定了标准规
范,特别强调"原产地"概念。面对世界各国对天然药物质量的要
求和中药走向世界的需要,国家药品监督管理局在 2003 年颁布实
施《中药材生产质量管理规范》,以规范中药材种植,提高中药材生
产的质量。要改变过去由于盲目种植(盲目扩大种植面积、不适当
引种)和不规范生产导致药材质量下降的弊端,中药材生产必须实
施产业化经营。中药材产业化经营,是指以农村家庭承包经营为
基础,以市场需求为导向,通过各种类型的龙头组织的带动,将农
业产前、产中、产后各环节用利益机制联结成一体化经营的一种新
的生产经营组织形式。吉林省农业产业化经营已经确立了 3 种基
本形式:一是龙头企业带动型,其基本组织形式是公司(工厂)+农
户、公司(工厂)+中介组织+农户。二是中介组织带动型,主要依
托农村合作经济组织和各类专业协会等,把农户生产和市场有机
地衔接起来,其基本组织形式是中介组织+农户。三是专业市场

带动型,依靠农产品专业批发、零售市场的张力,拉动农户、企业生产经营的产业化组织。

(三)区域化、专业化种植

中药材种植要向生态适宜、有增产潜力、有历史传统的产区集中。集中连片,便于管理和加工,逐步向区域化、专业化方向发展。其次,要向生态条件独特,生产基础和技术基础较好,投资少、见效快的地区集中,巩固老产区,拓展新产区,发展地道药材,形成商品生产基地。中药材种植要以区划为依据,以质量为保证,以生产"地道药材"为目标,叫响"原产地",生产名牌药材,成为稳定的中药材基地。

第二章 药用动(植)物饲养(栽培)管理

一、中药材产地的环境要求

我国颁布实施的《中药材生产管理规范》中要求,中药材产地空气应符合大气环境质量二级标准;土壤应符合土壤质量二级标准;灌溉水应符合农田灌溉水质量标准;药用动物饮用水应符合生活饮用水质量标准。

二、药用植物的栽培管理

药用植物的栽培管理是全程控制中药材生产质量的中间环节,是生产技术体系的核心。药用植物的栽培管理在《中药材生产质量管理规范》(GAP)中提出明确要求,在《中药材生产质量管理规范认定检查评定标准》中涉及中药材栽培管理的评定项目共有10条,其中关键项目4条(关键项目不合格称为严重缺陷),一般项目6条(一般项目不合格称为一般缺陷)。根据上述要求,我们在把握药用植物生长发育要求的同时,栽培管理应重点抓好选地与整地、播种育苗、对生长发育的调控、土壤管理、灌溉、病虫害防治及收获等主要环节。

(一)选地与整地

1. 选地 药用植物大多是多年生植物,基地投资大、经营年限长,因此选地工作非常重要。对种植基地的选择必须严格遵守自然法则、讲求药用植物生育规律和经济效益,同时又要符合我国中药材生产质量管理规范（GAP）的指导性原则，以生产优质的商品、更好地满足国内外中药材市场需求为目的。园地选择得当，对植株的生长发育、丰产稳产、提高品质、减少污染以及便利运输等都有好处。如果园地选择不当，将会造成不可挽回的损失。选择药用植物适宜栽培的园地，要从地理位置及环境条件来考虑，大体包括气候条件、土壤条件、地势条件、水源条件、周边环境、前茬作物和交通条件。

2. 基地的规划设计 园地选定以后，根据建园规模的大小要进行全园规划设计。首先测绘出全园的平面地形图。用 1/2 000～1/500 的比例尺，采用 50～200 厘米的等高距测出等高线，同时勘测并标明不同土壤在园中的分布情况。依据测得资料，进行园地的道路、防护林、排灌系统、水土保持工程及住宅区、作业间、仓库等建筑物的规划。

3. 整地 整地是播种或定植前的准备工作，根据基地总体规划实施园地内的杂草乱石等杂物清除、土地平整、深翻熟化、施肥、作业区的划分，道路系统、防风林系统、排灌系统、人员休息室、物料仓库等项建设、挖沟做畦等。

4. 种子、种苗准备

（1）因地制宜，合理布局 在中药材生产质量管理规范认定检查评定中，把"生产企业是否按中药材产地适宜性优化原则，因地制宜，合理布局"列为关键项目。药用植物栽培管理的目的是获取优质和高产的统一，引种驯化要尽可能应用适应当地气候和土壤条件的品种，即使在原植物产地大面积栽培也要选择最适宜的生态条件，以满足植物生长发育的需要，保证在正常管理条件下实现优质、高产和稳产。

（2）选择抗性优质品种 降低农药残留，是生产绿色药材的重要环节。在基地建设中，我们要选择对病虫草害有较强抵抗力的高品质品种；农作物的产量提高和品质改良，都离不开本身遗传性的改良,各项技术措施也都必须通过品种才能发挥作用。选育和推广优良品种是农作物增产和提高品质的重要措施,药用植物也不例外。根据中药科技产业化基地建设的新要求,我们不但需要继续提高栽培管理水平,更需要选育出一批优质、抗病(虫)、丰产的优良品种,使之成为基地建设的有利技术支撑。

(二)繁殖与栽植

中药材品种不同,栽培管理的方式也不同,有的可采取一次性播种的生产管理方式,有的则采取先育苗后移栽或多次移栽的生产管理方式。无论是直播生产还是先育苗后移栽,幼苗培育阶段统称为育苗。

1. 实生繁殖　育苗首先要求种子(种苗)品种纯正、杂质少、成熟度高,经过处理的种子要保证应有的发芽率,对生产主要环节的要求是整地要细致(保持土壤疏松、施足基肥、必要时要撒放防治地下害虫的药物),播种方式(撒播或条播)要有利于幼苗期的管理,根据当地的气候条件和种子发芽需要的适宜温度适时播种,播种密度和覆土厚度要适宜,选择适宜的床面覆盖物以利于保墒,出苗前分期喷洒药剂防治幼苗立枯病,有的品种出苗后需加盖遮阳物,适时除草、施肥、防病、秋季防寒等。

2. 无性繁殖　常规无性繁殖包括扦插、嫁接、压条和分株等方法。扦插育苗可分为硬枝扦插、绿枝扦插、硬枝带嫩梢扦插等方法,主要技术环节有选择适合的扦插基质和育苗时间、药剂处理插条、保温保湿催根、炼苗(蹲苗)、移栽、圃地管理;嫁接繁殖可根据植物特性的不同,选择硬枝嫁接、绿枝嫁接、芽接和根接等,分株繁殖的时期因植物种类而有所不同,有的在春、秋两季(防风),有的在夏季(五味子)。

(三)间苗、定苗

间苗就是除去过密、瘦弱和有病虫害的幼苗,选留健壮的幼苗。通过间苗增加植株间的距离,增加幼苗营养面积,利于通风透光,避免病虫害的传播和蔓延。定苗就是最后 1 次间苗,即按一定的株、行距留苗,同时在缺苗的地方补苗。

(四)土壤管理

土壤是植物生长发育的基础,是水分和养分的源泉。土壤管理的目的在于保持和增进地力,使植物的根系充分扩大,吸收水分和养分,满足植物生长发育的需要。土壤管理的主要内容包括田间耕作、施肥、浇水等。

1. 耕作制度 有机农业是在动植物生产过程中不使用化学合成的农药、化肥、生产调节剂、饲料添加剂等物质,以及基因工程生物及其产物,而是遵循自然规律和生态学原理,采取一系列可持续发展的农业技术,协调种植业和养殖业的平衡,维持农业生态系统持续稳定的一种农业生产方式。

传统农业是沿用长期积累的农业生产经验,主要以人、畜力进行耕作,采用农业、人工措施或传统农药进行病虫草害防治为主要技术特征的农业生产模式。

在耕作制度方面,我们要遵守可持续发展原则,尽可能采用生态学原理,保持物种的多样性,减少化学物质的投入。根据中药材基地不同的发展模式要确立特定的生产方式,建立有机农业生产体系或有机农业和传统农业相结合的生产体系。

2. 中耕除草 中耕除草是指在植物生育期间对土壤进行铲耥作业,主要作用是疏松土壤、提高地温、抑制盐分上升、加强养分释放、保蓄水分、消灭杂草、利于排水防涝。

3. 施肥 在中药材生产质量管理规范认定检查评定中,把

"是否根据药用植物的营养特点及土壤的供肥能力,制定并实施施肥的标准操作规程(包括施肥种类、时间、方法和数量)"、"施用有机肥料的种类是否以有机肥为主。是否需要使用化学肥料,是否制定有限度使用的岗位操作法或标准操作规程"、"施用农家肥是否充分腐熟"三条作为一般项目,把"是否施用城市生活垃圾、工业垃圾及医院垃圾和粪便"列为关键项目。

植物营养是合理施肥的理论基础,我们要对药用植物各器官矿质元素的含量、在一年中对三要素的吸收量、施肥浓度对植物生长发育的影响、天然供给量和肥料利用率、合理施肥量、施肥的时期和方法等基础工作开展研究。根据药用植物不同生长发育时期的需肥规律和当地气候条件确定科学的施肥方法。

4. 灌溉与排水　水是植物的重要组成部分(植物体鲜物重的 $50\%\sim60\%$ 是水分),是植物吸收养分的载体(有机物质和无机物质只有溶解在水中才能被植物吸收),是有机物质合成的原料,是植物进行蒸腾作用的必需物质。我们在了解药用植物的耐旱性和耐水性的同时,应深入研究水分与植物生长发育的密切关系,把握植物对水分需求的临界期,根据植物的实际需水量、天然降水量和采用的灌溉方式确定适宜的浇水量。在雨季,要及时排除园地内的水分,以免发生涝灾。

中药材生产质量管理规范要求中药材产地生产用水要有保证;产地应选择在地表水、地下水水质清洁无污染的地区;水域、水域上游没有对该产地构成威胁的污染源;灌溉用水符合国家农田灌溉水质标准(GB 5084-92);主要评价因子包括常规化学性质(pH 值、溶解氧)、重金属及类重金属(汞、镉、铝、砷、铜、氟、氯)、有机污染物(BOD_5、有机氯等)和细菌学指标(大肠杆菌、细菌)。

(五)植物生长发育的调控

根据药用植物生长发育特点和不同的药用部位,加强田间管理,及时采取摘心(打顶)、摘蕾、整形修剪、覆盖遮荫、清除横走茎等项栽培管理措施,目的是调控植株的生长发育,可起到调节营养生长和生殖生长平衡,改善通风透光条件,积累营养物质,提高坐果率或增加药用部位的生物产量,促进枝条成熟等方面的作用。还可利用一些化控措施调节生长与发育之间的平衡问题,如利用植物生长调节剂诱导五味子雌花分化等。

(六)覆盖与遮荫

覆盖是利用稻草、落叶、谷壳、粪肥、草木灰等覆盖地面,可以调节土壤的温度、湿度、光照等因子,生育期间可降温、保湿、防霜、抑制杂草,冬季休眠时可防寒。遮荫适合阴性植物,如人参、三七、细辛、黄连等,人工栽培时必须满足其光照特性,给予适当光强范围。遮荫技术还要考虑荫棚的高度、结构、性质、方向、地形、株龄及其他因素。

(七)病虫害防治

在中药材生产质量管理规范认定检查评定中,把"药用植物病虫害防治是否采取综合防治策略"和"药用植物如必须施用农药时,是否按照《中华人民共和国农药管理条理》的规定,采用最小有效剂量并选用高效、低毒、低残留农药等"列为关键项目。中药材生产质量管理规范中要求,"如必须使用农药时,应按照《中华人民共和国农药管理条例》的规定,采用最小有效剂量并选用高效、低毒、低残留农药,以降低农药残留和重金属污染"。

1. 农药使用的准则　在生物防治不能满足植保工作需要的情况下,必须使用农药时,应遵守以下准则:①可使用中等毒性以下植物源农药、动物源农药和微生物源农药。②在矿物源农药中允许使用硫制剂、铜制剂。③有限度地使用部分有机合成农药,要按农药安全使用标准(GB 4285—84)、农药合理使用准则(GB 8321.1—6)的要求执行。

2. 农药的使用方法　①应选用上述标准中列出的低毒农药和中等毒性农药;严禁使用剧毒、高毒、高残留或具有三致(致癌、致畸、致突变)毒性的农药;每种有机合成农药在一种作物的生长期内只允许使用 1 次(其中菊酯类农药在作物生长期只允许使用 1 次)。②严格按照农药安全使用标准(GB 4285—84)、农药合理使用准则(GB 8321.1—6)的要求控制施药量与安全间隔期。③有机合成农药在农产品中的最终残留应符合农药安全使用标准(GB 4285—84)、农药合理使用准则(GB 8321.1—6)的最高残留限量(MRL)要求。④严格禁止基因工程品种(产品)及制剂的使用。

3. 病虫害防治的原则　①中药材生产应从药用植物—病虫草等整个生态系统出发,综合运用各种防治措施,创造不利于病虫草害孳生和有利于各类天敌繁衍的环境条件,保持农业生态系统的平衡和生物多样化,减少各类病虫草害所造成的损失。②优先采用农业措施,通过选用抗病抗虫品种,非化学药剂种子处理,培育壮苗,加强栽培管理,中耕除草,秋季深翻晒土,清洁田园,轮作倒茬、间作套种等一系列措施起到防治病虫草害的作用。③还应尽量利用灯光、色彩诱杀害虫,机械捕捉害虫,机械和人工除草等措施,防治病虫草害。④坚持预防为主,综合防治的原则,尽可能多地采用生物防治措施;有限度地使用部分有机合成农药,要严格按照农药安全使用标准(GB 4285—84)、农药合理使用准则(GB 8321.1—6)的要求执行,控制施药量与安全间隔期,使农药的最终残留量符合农药安全使用标准(GB 4285—84)、农药合理使用准则(GB 8321.1—6)的最高残留限量(MRL)要求。⑤为减少病原菌孳生蔓延的条件,在基地周围可选择一些对药用植物病虫害有抗性或有抑制作用的植物;为降低农药残留,应及时清理残枝废叶和农药包装物。

(八)生长调节剂应用

据国家农业部统计,称为灵、宝、菌、素、剂、王、霸等的植物生长调节剂商品种类很多,约有 250 种。面对市场上这些名称和包装各异的产品,许多药农可能会出现选择性的困难。

植物细胞的分裂、生长、分化,叶片的衰老、脱落,种子或芽的休眠等生理过程,都受激素的控制。激素是植物体内广泛存在的化合物,虽然它的含量只有百万分之几,但是作用却十分巨大。自从知道了激素的化学结构之后,用人工方法模拟合成出数量更多、效力更强的化合物,它们促进或抑制植物的生长发育,有不少在农业生产上已广泛应用。这种人工合成的化合物称为植物生长调节剂。植物生长调节剂是农药,它是人工合成的具有植物天然激素活性的一类有机化合物。已发现具有调控植物生长和发育功能的物质有生长素、赤霉素、乙烯、细胞分裂素、脱落酸、芸薹素内酯、水杨酸、茉莉酸和多胺等,而作为植物生长调节剂被应用在农业生产中主要是前 6 大类。其中,芸薹素内酯又是当代国际上最新型的促进植物高产高效的内源激素,也是当前我国发展高产优质高效农业和生态农业最有生机和活力的一种新型植物生长调节剂。

植物生长调节剂在农业上的应用极为广泛,大致有以下方面:打破种子和无性繁殖器官的休眠,促进种子或薯块的发芽;促进营养体的生长;促进插条生根;防止徒长和倒伏分枝、矮化株形;改变雌雄性别;控制抽薹开花;防止落花落果或促进疏花疏果,增加结果率;促进果实发育和成熟,形成无籽果实;防止衰老,使产品保鲜,延长贮存期。可以说,用栽培技术或手段难以办到的事,用植物生长调节剂可以解决。实践证明,植物生长调节剂通过调节与控制植物的生长发育,一定程度上能克服农业环境中的不利因素,提高作物抗逆性,提高光合作用效率,改变光合产物的分配,达到提高产量,改善品质的目标。从农业生产的角度来看,植物生产调节剂的最大优点是用量小,增产效果高,抗逆作用强(耐寒、耐酸等)。正因为植物生长调节剂的应用具有用量小、增产作用大、使用方便安全,投入小见效快等许多优点,尤其受到广泛关注。

植物生长调节剂又不同于植物生长剂,植物生长剂是肥料,也称为植物营养剂、植物复合液肥等,它是把氮、磷、钾、铁、锌、锰、硼、铜等常量或微量元素集中在一起制成的一类营养物质,大多是作物根系吸收水肥不良时作叶面喷肥以补充养分,促进作物生长发育。但是对土壤肥力高的地区以及不缺这些元素的地区或作物上,其增产效果即不太明显。特别那些配方简单、工艺落后,称王称霸的低劣叶面肥产品,其增产效果多不显著。有的植物生长剂却打着植物生长调节剂的牌子卖,本身就是误导消费者。

在使用植物生长调节剂时,应注意如下几点:①首先要确定使用浓度,再了解药剂纯量含多少,然后进行相应的稀释配制。对每种药剂的有效和安全浓度,必须预先进行小面积试验,取得经验后才推广应用,对市面销售的增长剂或对别人的使用经验,也要先试后用,只有这样,才能确保安全,达到增产、提高品质和增收的目的。②掌握喷药最佳时期,要求一无药害,二有增产、提高产品质量的效果。③选择良好的外界条件。一般来说,植物生长调节剂要在较高的温度才起作用,最好在气温 20℃以上,选晴天下午 15 时后进行。

三、药用动物的饲养管理

药用动物的饲养管理是全程控制药材生产质量的中间环节,是生产技术体系的核心。在把握药用动物生长发育要求的同时,饲养管理应重点抓好养殖场所的选择与建设、饲养方法、对生长发育的调控、疫病防治及收获等主要环节。

(一)养殖场所的选择与建设

当前人工饲养的药用动物,多为野生的和半驯化的动物,不能生搬硬套家畜、家禽等已有很高驯化程度的动物的饲养方式和方法,必须走出一条适应药用动物生物学规律的新路子。所以,应用生态学的研究在药用动物饲养上非常重要,其中种群生态学和系统生态学的理论更有指导意义。因为,人类要想得到比野生状态下更多的产品,必须实行密集生产,这样才能使动物的密度比野外大许多倍;动物群的组成与结构,年龄比例和性别比例都要发生很大的变化,这种新的比例关系是为获取优质高产的动物药产品而在人类有计划的安排下形成的。另外,动物生存的环境,如气候调节、食物供应、场舍布局、污物清除等,都是在人工控制下进行。这样,就使人工养殖的药用动物产生了新的种内、种外生态关系,并在繁殖、生长发育和动物药生产上,显示出新的生产潜力。我们要根据药用动物生存环境、食性、行为特点及对环境的适应能力等,确定相应的养殖方式和方法,制定相应的养殖规程和管理制度。根据药用动物栖息、行为等特性,建造具有一定空间的固定场所及必要的安全设施。

(二)饲养管理方式与饲养方法

1. 药用动物的饲养管理方式　通过对食物链的研究,不但可以了解到各种动物之间的食物联系,而且也可以进一步了解各种动物间的行为关系。行为学的内容很广泛,如动物的季节活动和昼夜活动规律;争夺占领区、居住地、食物和配偶上的种内、种外争斗;动物的社会性活动方式以及各种动物对环境的适应能力等。这些,对药用动物饲养方式的选择和饲养方法的应用都有很重要的指导作用。

药用动物的饲养管理方式大体上可分为散放饲养和控制饲养

两大类:

(1)**散放饲养** 散放饲养是我国多年来沿用的饲养方式,特别是个体饲养业者多采用。这种饲养方式又可分两种类型:

①全散放型 这种类型要求有较大的区域范围,分布密度较小,但由于总分布面积大,总生产量也较大,投入的人工、物力少,成本低,动物基本上仍处于野生状态,故又称为"自然散养"。这种类型要求以本地区固有的或从外地引入的重要药用动物为发展对象;在本散养区内培育成优势种,并具有很大的种群生产力;散养区内的地势、气候、植被以及动物群落组成条件有利于本种动物的发展。气候适宜,食物丰富,没有限制种群数量发展的敌害;具有限制本种动物水平扩散的天然屏障,把动物的活动范围,局限在一定的面积和区域之内。

②半散放型 这种饲养类型比全散放型活动范围小,养殖密度大,在人力、物力上要有适当的投资,单产比全散放型高,这种饲养类型要求在药用动物水平扩散的天然屏障基础上,配合以人工隔离措施。如电牧拦、铁丝网、土木结构围墙、水沟等,将动物限制在一定的半散放区范围内活动。在动物采食天然食料的基础上,适当补充人工食料。在一般情况下,仅是补充精料、食盐和饮水。有计划地采取措施,改善动物生活环境,清除敌害,保证药用动物正常的繁殖和生长发育。

(2)**控制饲养** 控制饲养也可简称为"精养"。这种方式是将动物基本上置于人工环境下,占地面积小,饲养密度大,劳动投资较多,但是单产较高。如圈养(茸鹿、麝)、笼养(灵猫、鹌鹑)、池养(龟、鳖)、箱养(蜜蜂)、室养(家蚕)等。它对自然环境的气候变化和饲料丰歉,可因人工补充而具有更大的独立性,随着现代科学技术的进步,生产能力在不断地飞速发展。从饲养密度和技术水平上又可分为半密集饲养型和高密度饲养型两种类型。

①半密集饲养型 是以人工操作为基础对动物进行驯养和半

驯养。这种饲养类型,在人民群众中有着雄厚的基础和传统的习惯,同时也适合我国当前的经济水平。

②高密度饲养型 这种类型的特点是单位面积内个体数量很大;与生产有关系的环境条件稳定在最佳状态;饲料、饮水供应及污物清扫等生产过程达到自动化;动物个体生长速度加快,生长期明显缩短;产品质量与产量大幅度地提高,饲养消耗减少,生产成本降低。这种类型中最突出的是养禽业,包括鹌鹑、乌鸡等药用禽类在内。

2. 饲养方法 在制定饲养制度方面,要根据各种动物的季节活动和昼夜活动规律来确定。动物在野生状态下繁殖,生长发育、蜕皮、换毛和休眠等周期性季节活动规律,是划分每年生产期的基本依据;动物在野生状态下的摄食、饮水、排泄等周期性昼夜活动规律,是建立每天饲喂制度的依据,另外,制定饲养管理制度时,还应考虑人的活动规律,例如,药用动物在野生状态下,多为夜出性活动或晨昏性活动,而人的社会性活动则是白天进行的。所以,在制定每天的饲喂制度时,适当改变饲喂时间不但完全可以做到并有利于生产工作。

选择好饲养方式和制定了恰当的饲养制度之后,在具体的饲养管理技术上,也必须针对不同种的动物进行全面研究。根据各种药用动物养殖中存在的问题要注意以下三点。

(1)防逃 无论是散放饲养或控制饲养都要防逃。散放饲养主要由于生活条件优于相邻环境,而主动吸引动物居于本区域内一般不易逃失;控制饲养由于密度大;动物易逃失主要依靠人工屏障控制,水生动物可用陆地为屏,陆生动物可以水为障。大型兽类用围墙铁栅控制。飞行鸟类用笼网控制。目前最难解决的是既能在水中活动,又能在陆地活动的一些小型药用动物如蛤蚧(爬行动物)、哈士蟆(两栖动物)等。目前蛤蚧采用了垒沙法,哈士蟆采用尼龙细网法、电围栏法都有一定效果,但在生产上推广应用成本仍属过高,效果不理想,要解决好这个问题,还应深入研究。例如,从垂直攀附能力来看,幼年的哈士蟆和蛤蚧高于成年,可否按不同发育阶段,用不同性质和不同造价的围墙,进行分群隔离,由于隔离范围小造价相对降低。又如,目前国外已有利用蛇类看守粮库和贵重物品库,以防鼠害;利用鱼类惧怕白色的特性,而在捕捞上形成"白板赶鱼法"等解决动物逃失的经验,都可参考应用。

(2)疾病防治　要从管理技术角度谈疾病防治。"以防为主"的方针,在药用动物饲养上尤为重要。因为这些动物多为小型动物,一个个单独地治疗很困难,用药物治疗在成本上也很不经济,就是比较大型的药用动物,如鹿、麝等野性很强,人工强行捕捉用药时,往往会造成病情恶化,加速死亡。野生动物自愈能力较强,应当加强护理工作,并根据药用动物不同种类、年龄、生长发育阶段,可将适量的药物投放到饮水、食料中达到治疗的目的。根据上述情况,为了防止疫病的发生,首先要保持环境卫生,加强管理工作,采用消毒、隔离和预防接种3项措施。

①消毒　其目的就是防止疫病发生,消灭病原微生物。因此,要对各种动物生活现场、设备、使用工具等选用适当的药物,采用不同的消毒方法进行定期消毒。对工作人员或参观人员进入养殖室也要严格消毒。

②隔离　就是要严格划分饲养区。饲养员要细心检查,发现有个别动物发病立即拿出群外。普通病者可隔离饲养,以待其痊愈。诊断确定为传染病者,均应立即火化或远距离深埋。污染的饲草、粪便等要在适当的地方堆积发酵,做到消灭病源。

③预防接种　是防止传染病发生的有效措施,不同种类的动物,应用不同种类的疫苗预防不同的疾病。预防接种方法很多,如注射法、刺种法、口服法、喷雾法等,要根据实际情况,正确选择运用,定期接种。

(3)防止自残　药用动物的自残现象,表现为甲动物嚼食乙动物,或通过争斗使一方或双方致残。这些现象不仅表现在肉食动物中,草食动物也同样出现。产生上述现象的原因是非常复杂的,如居住空间不足;食物和饮水的缺乏或质量不佳;环境不够安静;外激素的干扰以及性活动期体内的生理变化等。

通过加强饲养管理措施,动物的自残现象是可以防止和减轻的。群饲动物要掌握密度适当,防止饥饿(如药用虫类);肉食兽类要防止产后食仔(如灵猫);药用蛇类主要是成年期出现自残,宜于分养;哈士蟆的自残现象多出现于蝌蚪期,要适当投给动物性饲料;乌鸡、野鸡(环颈雉)等争斗多因占领区引起,草食兽类的争斗多因争偶而发生。这些可以通过科学的饲养管理加以控制。

(三)药用动物的饲料组成和供应

各种药用动物都有它的特殊食性。在食物范围上有广食性、狭食性之分;在食物性质上有肉食性、草食性和杂食性之分。人工饲养工作必须在充分了解动物食性的基础上,根据其营养要求,对食物供应、加工调制、饲养工具配备和饲养制度的建立等,进行全面地研究,才能保证药用动物在家养条件下的生存。药用动物的食性不是一成不变的。很多药用动物在野生状态下,其食性在不同季节,不同生长发育阶段,有明显的变化。认识动物食性的相对性,掌握食性的可变范围,对药用动物的饲养工作很有必要。如植食性的土鳖虫,适当地搭配一些动物性食物,可以提高其生长发育速度;哈士蟆蝌蚪,增加一些动物性饵料,可以促使其提前变态,缩短饲养期;家禽在补充动物性饲料后,可以明显提高产卵能力,种公畜在配种期补充动物性饲料,可以提高配种能力,改善精液质量;另外,肉食性动物在饲料中适当增加植物性饲料,可以补充维生素及其微量元素的不足,保持旺盛的食欲。大量的事实证明,动物的食性在人工训练下,可以在一定范围内改变,通过改变其食性,可扩大其食物范围,开辟饲料来源,促进动物更好地生长发育。

　　根据野生动物在食性上的特异性和相对性,在人工养殖时主要应以动物营养的基本要求来考虑其饲料组成、配比,并根据其摄食方式研究饲料的加工形式和饲喂方法,在饲养实践中不断地研究改进,最后即会获得最佳的饲料组合。

(四)动物饲养新技术的发展和应用

　　目前动物饲养科学发展很快,很多新的饲养技术不断被采用,在提高动物的繁殖数量、加快生长速度、提高产品质量与数量等方面,都起到显著作用。下面从气候、营养、饮水等方面做简单叙述。

　　1. 气候　动物的生产期与植物一样受到自然气候的密切影响,为了获取更多更好的动物产品,延长生产期是一种有效的措施。如人工补充光照、温度和湿度都能达到预期目的。在生产和研究上有的采用"单因子强化法"(即单独增加光照、温度或湿度等一种因素,其他都与自然环境一样),有的采用人工气候综合强化法(如人工气候室、气候棚舍等),根据动物不同阶段的生理要求,给予稳定的最佳气候条件。

　　2. 营养　在现代动物饲养学的研究中,对许多种动物的饲料组成、营养配比都已形成完整的设计,并在生产实践中经过验证行之有效。过去,在保证动物的维生素供应上,需要每日投给大量的青饲料,而现在用多种维生素添加剂;在营养供应方面,以某些氨基酸作为营养添加剂,对改进动物毛绒、肉蛋质量,以及各种动物药产品质量具有明显效果。

　　3. 给水　在动物饲养中,给水的时间、次数、质量等对动物各种生理过程有直接影响,而且通过给水也能摄取维生素、矿物质及各种微量元素。生产实践证明,天然水的成分,对很多动物药的质量有明显影响,是地道药材形成的重要因素。所以,给水和饲料供应一样,也是人类影响动物的一种手段。从动物对水分的摄取来看,以通过采食青绿多汁的新鲜饲料而吸收水分(结合水)和通过对营养成分的分解而同时获取水分（结晶水）最为理想。目前，磁化水对促进动物的消化功能、生长发育，甚至对某些疾病的治疗等方面的研究，已经出现可喜的苗头。

根据药用动物的季节活动、昼夜活动规律及不同生长周期和生理特点，科学配制饲料，定时定量投喂。适时适量地补充精料、维生素、矿物质及其他必要的添加剂，不得添加激素、类激素等添加剂。饲料及添加剂应无污染。药用动物养殖应视季节、气温、通风等情况，确定给水的时间及次数。草食动物应尽可能通过多食青绿多汁的饲料补充水分。

四、疫病防治

药用动物的疫病防治，应以预防为主，定期接种疫苗；合理划分养殖区，对群饲药用动物要有适当密度。发现患病动物，应及时隔离。传染病患动物应处死，火化或深埋；养殖环境应保持清洁卫生，建立消毒制度，并选用适当消毒剂对动物的生活场所、设备等进行定期消毒。加强对进入养殖场所人员的管理。

五、药材采收与加工

（一）采收时期

采收对大多数药用植物来说是 1 个生产周期或 1 年内栽培管理的最后环节。采收期应选在植物药用部分的生物产量和有效成分处于最大积累的稳定时期。采收前应做好人员和各项物质的准备，临时佣工要事先进行必要的技术培训，掌握采收的技术要领，以免造成不必要的经济损失。

(二)采收方法

在初加工前,要放在通风、阴凉处妥善保管,以免腐烂变质。

1. 树皮类药材　通常在春夏之交,植物生长旺盛期,树的汁液流动最快时采剥。此时树皮类汁液充足,形成层生长最活跃,皮部与木质最容易分离,伤口也易愈合,树皮类有效成分含量最高。如杜仲、黄柏、厚朴、肉桂等树皮。其采收方法:一般剥取有环状皮块或采取"剥皮再生法"进行采收,以利于再生。

2. 花类药材　这类药材对采摘季节性要求较严格,如辛夷花、款冬花、金银花、槐米等要采摘未开放的花蕾供药用。采收季节分别在春、夏、秋、冬。金银花、绿梅花等要采摘刚开放的花朵入药。菊花、凌霄花、红花、西红花等品种,要采集盛开的花或花柱供药用。采集方法:选择晴天分期分批采摘,采摘后必须放入筐内,避免挤压,并注意遮荫,以防日晒变色。

3. 全草类药材　通常在枝叶生长茂盛的初花时收割,如荆芥、藿香、穿心莲、车前草、益母草、半边莲等品种。但有些种类如佩兰、青蒿等品种应在开花前采收。也有些采集嫩苗,如春柴胡等品种。而马鞭草要在花开后采。极少数要连根挖出入药,如北细辛、紫花地丁等品种。

4. 叶类药材　一般在植物的叶片生长旺盛、叶色淡绿、花蕾未开放前采收,如大青叶、紫苏叶、艾叶等品种。植物一旦开花结果,叶肉内贮藏的营养物质就向花、果转移,从而降低药材质量。也有极少数叶类药材宜在秋后经霜打后方采摘,如桑叶(冬桑叶)、银杏叶等品种,而枇杷叶则要在落叶后采。

5. 根及根茎类药材　当植物正在生长发育时,会消耗根部贮藏的养分。因此,一般多在植物休眠期即秋、冬季落叶后至翌年早春萌发前,采收根及根茎类药材,如黄芪、党参、丹参、桔梗、丹皮、地骨皮、前胡等品种,在此时的地下根和根皮组织最充实,贮藏的营养物质和有效成分含量最高。为了避免开花抽薹,使其空心或木质化而失去药用价值,少数药材如白芷、当归、川芎等品种应在生长期采收。采收的年限因种类和习性等不同而异,如牛膝、板蓝根等品种,当年栽种当年即可采挖,而人参、黄连、西洋参等品种要栽培4~5年才能收获。采收方法:选雨后的晴天或阴天,在土壤较湿润时用锄头或特制的工具挖取。采挖时注意保持根皮的完整,避免损伤而降低药材质量。

6. 根皮类药材　采收时期同根茎类。先将根部从土中挖出,然后进行砸打或搓揉,使皮肉与木心分离,如五加皮、远志等根皮。

7. 果实类药材　多数果实类药材在果实完全成熟时采收,如栝楼、黄栀子、薏苡仁、木瓜、花椒、八角等品种。也有些要求果实成熟后经霜打后再采,如山茱萸(枣皮)霜后变红、川楝子被霜打黄时才采收,还有些应在果实未成熟时采收,如青皮、枳实、橘红等品种。果实成熟期不一致的药材,如山楂、木瓜等品种,要随熟随采,过早肉薄产量低,过晚肉松泡、质量差。多汁浆果,如枸杞子、山茱萸等品种,采摘后应避免挤压和翻动。

8. 种子类药材　多数种子类药材要在果实充分成熟、籽粒饱满时采收,如牵牛子、决明子、补骨脂等品种。一些蒴果类的种子,若待果实完全成熟,则蒴果开裂,种子散失,难以收集,须稍提早采收,如急性子、牵牛子、豆蔻等品种。对种子成熟期不一致,而成熟即脱落的药材,如补骨脂等品种,应随熟随采,采收方法:摘取或割取后脱籽。干果类一般在干燥后取出种子,蒴果通常敲打后收集。肉质果若果肉亦作药用的,可先剥取果皮,留下种子或果核,如栝楼籽等品种。有些果肉不能作药用的,取出种仁,如李仁、杏仁、枣仁等品种。

(三)加　工

加工工序为:

分拣→清洗刮皮→蒸煮烫→发汗→干燥

1. 根茎类药材　此类药材采挖后，一般只须洗净泥土，除去非药用部分，如须根、芦头等，然后分大小，趁鲜切片、切块、切段、晒干或烘干即可，如丹参、白芷、前胡、葛根、柴胡、防己、虎杖、牛膝、漏芦、射干等；对一些肉质性、含水量大的块根、鳞茎类药材，如百部、天冬、薤白等，干燥前先用沸水略烫一下，然后再切片晒，就易干燥；有些药材如桔梗、半夏须趁鲜刮去外皮再晒干；明党参、北沙参应先入沸水烫一下，再刮去外皮，洗净晒干；对于含浆汁丰富、淀粉多的何首乌、生地黄、黄精、天麻等类药材，采收后洗净，趁鲜蒸制，然后切片晒干或烘干。此外，有些药材需进行特殊产地加工，如浙贝母采收后，要擦破鳞茎外皮，加石灰吸出内部水分才易干燥；白芍要先经沸水煮一下，去皮，再通过反复"发汗"晾晒，才能完全干燥；延胡索采收后先分大小，置箩筐中擦去外皮，洗净，沥干后转入沸水中煮至内心黄色，晒干，才能保证药材的色泽及质量要求。

2. 皮类药材　一般在采集后，趁鲜切成适合配方大小的块片，晒干即可。但有些品种采收后应先除去栓皮，如黄柏、椿树皮、牡丹皮等。厚朴、杜仲应先入沸水中微烫，取出堆放，让其"发汗"，待内皮层变为紫褐色时，再蒸软，刮去栓皮，切成丝、块丁或卷成筒状，晒干或烘干。

3. 花类药材　为了保持花类药材颜色鲜艳，花朵完整，此类药材采摘后，应置通风处摊开阴干或低温迅速烘干，如玫瑰花、旋覆花、金银花、野菊花等。

4. 叶、草类药材　此类药材采收后，可趁鲜切成丝、段或扎成一定重量及大小的捆把晒干，如枇杷叶、石楠叶、仙楠叶、仙鹤草、老鹳草、凤尾草等。对含芳香挥发性成分的药材，如荆芥、薄荷、藿香等，宜阴干，忌晒，以免有效成分损失。

5. 果实、籽仁类药材　一般采摘后，直接干燥即可，但也有的需经过烘烤、烟熏等加工过程。如乌梅,采摘后分档,用火烘或焙干,然后闷2～3天,使其色变黑。杏仁应先除去果肉及果核,取出籽仁,晒干。山茱萸采摘后,放入沸水中煮5～10分钟,捞出,捏出籽仁,然后将果肉洗净晒干。宜木瓜采摘后,趁鲜纵剖两瓣,置笼屉蒸10～20分钟取出,切面向上反复晾晒至干。

6. 动物类药材　此类药材多数捕捉后,用沸水烫死,然后晒干即可,如斑蝥、蝼蛄、土鳖虫等。全蝎用10%食盐水煮几分钟,捞起阴干。蜈蚣用两端较尖的竹片插入头尾部晒干,或用沸水烫死晒干或烘干。蛤蚧捕获后,击毙,剖开腹部,除去内脏,擦净血(勿用水洗),用竹片将身体及四肢撑开,然后用白纸条缠尾并用其血粘贴在竹片上,以防尾部干后脱落,然后用微火烘干,2只合成1对。

总而言之,药材采收后,应迅速加工,干燥,避免霉烂变质。对植物类药材,采收后尽可能趁鲜加工成饮片,以减少重复加工时浪费药材和损失有效成分。药材干燥应掌握适宜的温度,一般含苷类和生物碱类药物应在50℃～60℃的条件下干燥,含维生素C的多汁果实类应在70℃～90℃的条件下干燥,含挥发性成分的药材,干燥温度一般不宜超过35℃,过高易造成挥发油散失。

(四)贮　藏

中药材采收加工后,必须及时进行科学的包装、贮藏,才能保持其药效、质量和价值。否则,会出现虫蛀、霉烂、变质、挥发、变味等现象,不仅失去药效,而且服用后还会产生不良反应。

1. 含挥发油类药材的贮藏　如细辛、川芎、白芷、玫瑰花、玳瑁花、佛手花、月季花、木香、牛膝等多含挥发油,气味浓郁芳香,色泽鲜艳,不宜长期暴露在空气中。此类药材宜用双层无毒塑膜袋包装。扎紧后贮藏于干燥、通风、避光处。

2. 果实、种子类药材的贮藏　如郁李仁、薏苡仁、柏子仁、杏仁、芡实、巴豆、莲子肉等药材多含淀粉、脂肪、糖类、蛋白质等成分。若遇高温则其油易外渗,使药材表面出现油斑污点,引起变质、酸败和变味。此类药材不宜贮藏在高温场所,更不宜用火烘烤,应放在陶瓷缸、坛或金属桶等容器内,贮藏于阴凉、干燥、避光处,可防虫蛀和霉烂变质。

3. 淀粉类药材的贮藏　如党参、北沙参、何首乌、大黄、山药、葛根、泽泻、贝母等多含淀粉、蛋白质、氨基酸等多种成分。此类药材宜用双层无毒塑膜袋包扎紧后放在装有生石灰或明矾、谷壳等物的容器内贮藏,可防虫蛀、回潮、变质、霉烂。

4. 含糖类药材的贮藏　如白及、知母、枸杞子、玉竹、黄精、何首乌、地黄、天冬、党参、玄参等含糖类较高的药材,易吸潮而糖化发黏,且不易干燥,致使霉烂变质。因此,这类药材首先应充分干燥,然后装入双层无毒的塑膜袋内包好扎紧,放在干燥、通风而又密封的陶瓷缸、坛、罐内,再放些生石灰或明矾、干燥且新鲜的锯木屑、谷壳等物覆盖防潮。

第三章　人参规范化栽培技术

人参(*Pnar ginseng* CA. My),别名棒槌,为五加科多年生草本。原产于中国、朝鲜及俄罗斯。我国人参药用时间之早,栽培历史之久,种植面积之大,产量之多,均属世界之冠。我国人参主产于东北三省,吉林省最多。以根入药,花序、茎叶、种子亦供药用。人参的主要成分为 Rb1,Rg1 等 20 多种人参皂苷,此外尚含有人参炔醇、β-榄烯等挥发油类、黄酮苷类、生物碱类、甾醇类、多肽类、氨基酸类、多糖类、各种维生素及人体所需的微量元素等。近代药理研究证明,人参能调节神经、心血管及内分泌系统,促进机体物质代谢及蛋白质、脱氧核糖核酸、核糖核酸的合成,提高脑、体力活动能力和免疫功能,增强抗衰老、抗肿瘤、抗疲劳、抗辐射、抗炎等作用。人参生品味甘苦,性微凉;熟品味甘,性温。有补气救脱、益心复脉、安神生津、补肺健脾等功能。用于体虚气短、自汗肢冷、津亏口渴、失眠健忘、阳痿尿频等症。对高血压、冠心病、肝病、糖尿病等亦有较好疗效,是"扶正固本"的良好滋补强壮药。

一、主要生物学特性

(一)形态特征

多年生草本,株高约 60 厘米。直根肥大,多分枝,肉质;根茎短而直立,每年增生一节,俗称"芦头",顶生越冬芽,侧生不定根,主根粗壮,肉质,圆柱形,多斜生,下部有分枝,外皮淡黄色;须根长,长有多数疣状物。茎直立,单一,不分枝。掌状复叶,轮生茎端,具长柄;1 年生有 1 枚三出复叶,2 年生有 1 枚五出复叶,3 年生有 2 枚五出复叶,以后每年递增 1 叶,最多可达 6 片复叶。小叶片以两侧一对较小,中间较大,椭圆形,长椭圆形,先端渐尖,基部楔形下延,边缘具细锯齿,上面绿色或黄绿色,脉上疏生刚毛,下面光滑,伞形花序顶生;花小,多数;花萼 5 裂;花瓣淡黄绿色;雄蕊 5;雌蕊 1,子房下位,2 室,花柱上部 2 裂;核果浆果状,扁肾形,熟时鲜红色,少数呈黄色或橙黄色。内含种子 2 粒,种子肾形,黄白色或灰白色,具深浅不等的皱纹,质硬。

(二)生长习性

人参是一种喜冷凉、湿润而耐阴的药用植物,既怕积水,又不耐干旱,忌强光直射,忌高温热雨,怕干热风,适宜人参生长的温度为 20℃～28℃,地温 5℃时,芽胞开始萌动,10℃左右开始出苗(5 月份),花期 6 月份,果期 7～8 月份,10 月份枯萎,全生育期 130～150 天。

(三)对环境条件的要求

1. 对土壤条件的要求　人参对土壤的要求是腐殖质丰富、土层深厚、质地疏松、渗水性强、排水良好的沙壤,森林腐殖土最好,中性或微酸性土壤较好,但碱性土壤不宜种植。

2. 对水分条件的要求　人参对水分要求比较严格,既喜水又怕涝。水分过大,当土壤湿度超过 60% ,就会造成土壤中的空气不足,使人参根系呼吸受到影响,易染病害和烂根。水分过小,当土壤湿度低于 30% 以下时,会造成人参根系水分扩散,使人参须根干枯,导致产量下降。人参发育期要求土壤水分适宜,春季出苗期土壤湿度保持在 40% 左右,夏季生长期保持在 45%～50% 、秋季保持在 40%～50% 为宜,全年生长发育期湿度范围以 40%～50% 为好。人参既不耐旱又不耐涝,土壤相对含水率在 70%～80% 为好。因此,搞好排灌极为重要。

3. 对光照条件的要求 人参是喜阴植物,喜散射弱光,怕直射阳光。光照过强,植物矮小,叶片厚而色黄。光照过弱,植株细高,叶片薄而浓绿,生长不正常。所以,在人参栽培时,应进行遮荫,调节透光度,避免强光直射,利用散射光和折射光。

4. 对温度条件的要求 人参怕高温,耐严寒。在人参生长发育期间,以平均气温在 15℃～20℃为宜,温度高于 30℃或低于 10℃时,人参处于休眠状态。冬季在 -40℃的严寒也可安全越冬。人参更新芽在春季地温于 10℃以上即可萌芽生长,但最怕早春的"缓阳冻"(即气温忽高忽低,地表一冻一化现象),易引起冻害和根皮破坏(破肚子)。播种后出苗期要求温度在 10℃以上,1～2 年生的要求稳定在 12℃以上,生长期最适宜的温度为 20℃～25℃,在 36℃以上的烈日下,叶片焦枯;低于 -6℃,茎秆会失去生长功能。人参喜冷凉气候,在年平均气温 2.4℃～13.9℃,年降水量 500～2 000 毫米条件下均可栽培。在亚热带低纬度高海拔山区,如广西、福建、云南等高寒山区都已引种栽培成功。

5. 对肥料条件的要求 人参喜肥,又怕不腐熟肥。喜的是有机肥和无机肥,怕的是施未腐熟的粪肥和施肥后土壤缺乏水分,造成人参烧须烂根。

二、人参的分类

人参根据其生长形态分为野山参、林下参和园参。

(一)野 山 参

目前已经很稀有,每支动辄上千元,收藏的功能已经大于服用保健的功能。据史料记载,人参的寿命为 400 年左右,其生长速度极为缓慢,一般需要 20～30 年时间才能长到 15～16 克,种子萌发最短也要 20～22 个月。加之,自然生长,缺少必要的管理,故物以稀为贵,从而备受人们的青睐。20 世纪 50 年代,每年能收购野山参 300 千克左右;目前每年能收购野山参 30 千克。1981 年 9 月在抚松县原始森林的边缘地带,挖到一株生长期约为 150 年,重 258 克的野山参;1989 年 8 月,三名"放山人"在吉林省抚松县露水河的原始森林中挖到一株生长期约为 500 年,重达 305 克的特大野山参,被抚松县药材公司以 35 万元买去。抚松县药材公司经过精心加工,使参形更完美,最后以 108 万元的价格被一位不愿透露姓名的商人买走,创国内一株山参价逾百万的最高纪录。

(二)林 下 参

是将精选出的人参幼苗移植到适宜人参生长森林中培育而成,生长期大都在 10 年以上。

(三)园 参

在人工大棚里种植出来的人参,生长期在 5～7 年。主要栽培品种有大马牙、二马牙、圆臂圆芦和线芦,其特点是:大马牙主根粗短,生长快,抗病力强,产量高。二马牙主根较细长,产量比大马牙稍低。圆臂圆芦和线芦体形比较丰满美观。

从人参的有效成分人参皂苷的含量来说,野参最高,移山参次之,园参最低;据参农说移山参与园参的功效比基本达到 1:10。

三、人参栽培制度

人参栽培制度是指在人参整个生长期中,育苗年限、移栽年限和移栽次数的规定而言。我国人参栽培基本分为一倒制和二倒制两种制度。

(一)一 倒 制

即育苗后移栽 1 次,一般培育普通参多采用这种栽培制度。如"三、三"制(就是育苗 3 年,进行移栽后再长 3～4 年,6～7 年生时收获),"一、五"制(朝鲜主要采用这种栽培制度),"二、四"制(日本主要采用这种栽培制度)。

(二)二 倒 制

即育苗后移栽两次培养成商品参的制度,培育边条参多采用这种制度。如"二、二、二"制(育苗 2 年,将参苗移栽到参床生长 2 年,进行第二次移栽,参苗栽到参床上再生长 2 年),"三、二、二"制,"三、二、三"制,"三、三、三"制等。

四、人参种子处理方法

果实红熟后期采收,不得过早。采收时应将病、健果实严格分开。人参果肉开始变软时一次性采收。采收后立即搓去果肉,不得沤渍时间过长。用净水淘净,漂除瘪粒。漂洗过的种子阴干。搓洗的种子不得在强光下暴晒,应阴干或在弱光下晒干,达到规定的含水量。人参种子有休眠特性,在湿度为 10%～25%的条件下,需经一个由高温到低温的自然过程才能完成生理后熟,一般先经高温 20℃左右,1 个月后,转入低温 3℃～5℃ 2 个月,才能打破休眠。发芽适宜温度为 12℃～15℃,发芽率为 80%左右。种子寿命为 2～3 年。

(一)处理时间

当年籽:当年采收的种子,立即进行处理。隔年籽:隔年籽多在 6 月初在室外处理。

(二)处理方法

7~8月间,采种后可趁鲜播种,种子在土中经过后熟过程,翌年春可出苗。或将种子进行沙埋催芽。方法是选向阳干燥的地方,挖15~20厘米深的坑,其长、宽视种子量而定,坑底铺上一层小石子,其上铺上一层过筛细沙。将水籽用100毫克/千克赤霉素溶液浸泡20小时或将干参籽用清水浸泡2小时后捞出,用相等体积的湿细沙混合拌匀,放入坑内,覆盖细沙5~6厘米,再覆一层土,其上覆盖一层杂草,以利于保持湿润,雨天盖严,防止雨水流入烂种。每隔15天检查翻动1次,若水分不足,适当喷水;若湿度过大,筛出参种,晾晒沙子。经自然变温,种子即可完成胚的后熟过程,11月上中旬裂口时即可进行冬播。裂口前保持基质温度在15℃~20℃,后期保持13℃~15℃。未达到催芽指标的种子,当年不能秋播,应搞好越冬贮藏。贮藏期间先通过生理后熟(温度为0℃~5℃),然后冻存,播种前不能化冻。经沙藏处理已裂口的人参种子,如用0.1毫升/千克的ABT生根粉溶液浸种,可显著增加人参根重。

五、人参的播种方法

(一)播种时期

1. 春播　4月中旬至5月上旬播种经催芽的种子。

2. 夏播　7~8月份播种当年采收或贮藏的种子。用干籽(干种子播前用清水浸泡24小时)或水籽,无霜期短的地区在6月底播完,无霜期长的地区播干籽可延迟至7月上中旬。播水籽,要求在8月上旬以前播完为好,否则影响翌年人参出苗率。

3. 秋播　9月份至上冻前播种催芽籽(播期多在10月上旬至

下旬),翌年春季出苗。

(二)播种方法

1. 点播 在做好的床面上,用木制压穴器,从床的一端开始,一器挨一器的压穴。每穴播1粒种子,覆土2厘米厚。覆土后(春播),用木板轻轻镇压一下床面使种子和土壤紧密结合。秋播的,要盖落叶压土防寒。育1年生苗播种密度采用3厘米×4厘米或3.5厘米×4厘米,育2年生苗播种密度采用4厘米×4厘米或4厘米×5厘米,育3年生苗播种密度采用5厘米×5厘米点播。

2. 条播 用平刃镐(宽5厘米)按10厘米行距开成5厘米深的平底沟,将种子均匀撒在沟内,覆土2厘米厚。

3. 撒播 在做好的参床中间,按覆土用量将覆土取出,等距等量堆放在参床的两侧,然后用木耙把床面土推向床边,搂平床底,做成5厘米左右深的床槽。将种子均匀撒播在槽内,覆土2厘米厚。播后将床面搂平,略呈整面形,上盖一层落叶或无籽杂草,再压上10厘米左右厚土,保护种子越冬。

六、栽培技术

(一)选 地

选择柞树、椴树、桦树等阔叶林或长有阔叶树的混交林、灌木林种植人参,老参地或撂荒地也可开垦利用。土壤应排水良好、富含腐殖质和磷、钾肥,以森林灰化土、活黄土及花岗岩风化土为佳,而灰泡土、碱性土不宜种参。山地宜向阳,坡度在10°～35°。

(二)整 地

立秋前后砍倒小杂树,刨出树根,割净杂草,挑出荫棚用材。

树枝、柴草干后用火烧掉,可烧死部分病菌和虫卵,增施钾、磷肥。用土填实树坑,按畦的方向把腐殖质层翻起扣放。随后打细土块、拣出石块、树根及金针虫等害虫,再进行第二次翻地。树根一定要清理干净。当年翻地整地,当年便可种参。但最好在种参前 1 年翻地,让土壤闲置 1 年;或当年春末夏初翻地,临下种再进行细致的整地。播种前每平方米用 50% 敌菌灵粉 7 克进行土壤消毒,根据地势选择适宜的畦向,然后做畦。育苗地床高 25 厘米,床宽 1.2～1.5 米,床间距离 0.5～1.0 米;移栽床高 20 厘米,床宽1.2～1.5 米,床间距 0.5～1.0 米,床长一般为 20～50 米。方向依地势、坡向、棚式等而异,应以采光合理、土地利用率高、有利于防旱排水及田间作业方便为原则。平地栽参多采用正南床向;山地栽参,依山势坡度适当采取横山和顺山或成一定角度做畦。同时,要挖排水沟和出水口。沟深与畦底平,宽度视雨量多少而定。

(三)移　栽

2～3 年后移栽,一般在 10 月底至 11 月上中旬进行。如春栽应在参苗尚未萌动时进行。移栽时选用根部乳白色,无病虫害、芽胞肥大、浆足、根条长的壮苗,按大、中、小三级分别移栽。栽前可适当整形,除去多余的须根,注意不要扯破根皮,并用 80% 代森锌可湿性粉剂 100～200 倍液或用 1∶1∶140 倍波尔多液浸根 10 分钟,注意勿浸芽胞。移栽时,以畦横向成行,行距 25～30 厘米、株距 8～13 厘米。平栽或斜栽。平栽参根与畦基平行;斜栽芦头朝上,参根与畦基呈 30°～45°。斜栽参根覆土较深,有利于防旱。开好沟后,将参根摆好,先用土将参根压住全部盖严,然后把畦面整平。覆土厚度视苗大小而定,一般 4～6 厘米,随即以秸秆覆盖畦面,以利于保墒。

（四）田间管理

1. 搭棚遮荫 参苗出土以后要及时搭棚遮荫。参棚分矮棚和高棚两种。矮棚前檐立柱高 90～120 厘米，后檐立柱高 70～90 厘米，可用木柱和水泥柱，分立参畦两边。立柱上顺畦向固定好横杆，横杆多用竹竿，亦可用拉紧的铁丝。上面覆盖 1.2～1.8 米宽的苇帘，使雨水不能直接落到畦面上。雨季到来之前，覆盖第二层苇帘。参棚要平正，防止高低不平。高棚是将整个参地全部覆盖，棚高 1.2～1.8 米，以水泥杆作立柱，以竹竿搭成纵横交错的棚架，其上以苇帘覆盖，透光率为 25％～30％。

2. 除草松土 在人参出苗前，或土壤板结、土壤湿度过大、畦面杂草较多时，应及时进行除草松土，以保持土壤疏松，减少杂草害，但宜浅松，次数不宜太多。

3. 排灌 播种或移栽后，若遇干旱，适时喷灌或渗灌。雨水过多，应挖好排水沟，及时排除积水。

4. 追肥 播种或移栽当年一般不用追肥，翌年春天幼苗出土前，将覆盖畦面的秸秆去除，撒一层腐熟的农家肥，配施少量过磷酸钙，通过松土，与土拌匀，土壤干旱时随即浇水。在生长期可于 6～8 月间用 2％过磷酸钙液或 1％磷酸二氢钾溶液进行根外追肥。

5. 培土和摘蕾 因覆土过浅或受风摇动，参根松动时，要及时培土。靠近参畦前沿或参地边缘的参株，由于趋光性，茎叶向外生长，夏季高温多雨易引起斑点病、疫病等多种病害，因此应把向外生长的参株往畦里推压，并培土压实，使其向里生长。人参生长 3 年以后，每年都能开花结籽，对不收种的地块，应及时摘除花蕾。

6. 越冬防寒 10 月下旬至 11 月上旬，将枯叶及时清除地面，深埋或烧毁，视畦面情况浇好越冬水，先在床面上覆盖一层落叶，然后在床面上覆盖 10 厘米厚防寒土（沙土或迎风地覆土 10～15

厘米厚,黏土或较暖地覆土 6～8 厘米厚)。

(五)病虫害防治

人参病虫害较多,已知有 40 多种病害,病害严重,应注意综合防治。

1. 人参黑斑病(*Alternaria panax* Whetz.)　发病率 20%～30%,严重者 80% 以上。5～6 月份开始叶片出现黄色斑,逐渐扩大变成黑褐色,下雨或空气相对湿度大时出现黑色孢子,若不防治几周内全田蔓延落叶枯死。防治方法:采无病植株的种子,播前用多抗霉素 200 单位/千克溶液浸泡 24 小时,防止种子带菌传染。加强田间管理,特别是光照适宜;以预防为主,用对黑斑病有效的 65% 代森锰锌可湿性粉剂 500 倍液,45% 代森铵水剂 1 000 倍液,50% 咪唑霉可湿性粉剂 400 倍液交替使用每 7～10 天喷 1 次,喷药后遇雨应立即补喷。

2. 人参疫病 [*Phytophthora cactorum* (Led. et coh.) Schrot.]　症状是叶片像被开水烫过一样,6 月份零星开始,7～8 月份高温多雨流行,传播极快。发病初期用 25% 甲霜灵可湿性粉剂 400 倍液喷洒,效果很好。

3. 人参立枯病(*Rhizoctonia solani* Kuhn.)　是人参苗期主要病害之一,病菌使幼苗在地面 3～5 厘米干湿土交界面的茎部缢缩、腐烂,切断输导组织,致使幼苗倒伏。防治方法:播种前用 30% 立枯灵可湿性粉剂按种子量的 0.2%～0.3% 拌种消毒(无立枯灵可用敌磺钠代替),苗期用立枯灵 500 倍液每平方米喷 3 千克药液,防效超过敌磺钠。发现病株应立即拔除,并用立枯灵 500 倍液灌根,以防未病植株发病。

4. 人参菌核病(*Sclerotinia* sp.)　该病危害参根,病根软腐呈白色,根皮易剥离,后期仅存根皮。该病主要发生在参苗出土前。乙烯菌核利、多菌灵土壤消毒可预防。

5. 人参锈腐病[*Cylindrocarpon panacicola* 和 *C. destructans* (*Zins*) *Scholten*] 该病发生于根的各部位,病斑呈铁锈色,由点至面扩散至全根,土壤湿度大、透气不好、腐殖质层厚,发病重。防治方法:选择排水、透气良好土壤,提前 1 年刨地,施腐熟肥料,用多菌灵等农药土壤消毒,移栽时避免参苗受伤等措施防治。

6. 虫害 为害人参的害虫有 10 多种,其中以蝼蛄、蛴螬、金针虫、小地老虎、夜盗虫等为害最甚。防治方法:采用综合防治,提前整地,施高温堆制充分腐熟的肥料,灯光诱杀成虫,搞好田间清洁,人工捕杀等。药剂防治:可在整地时每平方米施辛硫磷 3 克或西维因 15 克,生长季用 50%敌百虫可湿性粉剂 1 千克拌入 20 千克炒香的麦麸或豆饼加适量水配成毒饵撒于畦面诱杀;对于难治的金针虫则用煮熟的马铃薯或谷子、苏子拌上敌百虫后做成小团埋入土中,诱虫入团,人工捕杀。

七、采收及加工

(一)采 收

采收时间在 8 月下旬至 9 月中旬。

(二)加 工

因炮制加工方法的不同,人参大致可以分为四大类:即红参类、糖参类、生晒参类和其他类。

1. 红参类 把新鲜的人参剪去支根及须根,洗刷干净,放入笼屉中蒸制 2 次,至参根变成黄色,皮呈半透明状。取出后,烘干或者晒干,即成为红参。

2. 糖参类 将新鲜人参洗刷干净,放置于沸水中浸泡 3～7 分钟,捞出以后,再投入凉水中浸 10 分钟左右,取出晒干,干后用硫磺熏制。然后,用特制的针沿参体水平或垂直的方向扎上无数的小孔,再把它浸泡于浓糖水(100 毫升水中溶 135 克糖)中 24 小时。取出后暴晒 1 天,再将毛巾浸湿,包住晒干的人参,使其软化,进行第二次扎孔,再浸入浓糖水中 24 小时。取出,冲去浮糖,晒干或者烤干,即成为糖参。

3. 生晒参类 把新鲜人参洗刷干净,在日光下晒 1 天,然后用硫磺熏制晒干即成。常用商品有生晒参、白干参、全须生晒参等。

4. 其他类 这类的加工方法和前三类不相同,常用的商品如下。

(1)掐皮参 其加工制作方法和糖参有相似的地方。先将鲜人参用沸水蘸 1 次,在参的下部蘸的时间稍久一些,从而成为粉红色,去掉粗皮,再把人参的周身拍破,扎上许多孔,放入糖液中浸泡 1 夜,翌日将其捞出,晒到将要干时,去掉表皮上的糖,用手掐成许多小坑,晒干后均变成麦粒小纹即成。还有一种方法,是将从糖浆中捞出的人参,用微火烘烤,使皮与内部分离,再用竹刀轻扎外皮,使其呈点状而成。

(2)大力参 将新鲜人参放在沸水中浸煮片刻,取出后晒干或者烘干。

第四章　北五味子规范化栽培技术

五味子系木兰科(Magnoliaceae)五味子属(Schisandra)和南五味子属(Kadsura)植物的泛称。在我国,五味子属约有20种,南五味子属有10种。在这些植物中,有19种供药用,其中最具有经济价值的是五味子属中的五味子(S. chinensis),其次为华中五味子(S. sphaenanthera)。北五味子是我国常用名贵中药材,对人体具有益气、滋肾、敛肺、涩精、生津、止渴、益智、安神等功效,主要用于治疗肺虚、喘嗽、自汗、盗汗、慢性腹泻、痢疾、口渴、遗精、神经衰弱、头脑健忘、心悸、不眠、四肢乏力,急慢性肝炎、视力减退以及孕妇临产子宫收缩乏力等症。北五味子除药用外,还可加工风味独特的果酒和果汁饮料;早春的嫩芽除可加工成山野菜外,还可加工成具有保健功能的茶叶;老的枝蔓通常称为山花椒,有活血、止痛、祛风、除湿的功能,东北民间有将茎皮晾干作调料的习俗;木脂素作为新的药物日益受到重视,今后可利用根、茎、叶、种子进行提取。北五味子是一种多功能,多用途的野生经济植物,开发利用价值高,应用前景十分广阔。东北三省是北五味子的主产区,目前野生资源的年产量为500~700吨,而国内外中药材市场、制药企业和酿酒加工企业的年需求量为4 000~5 000吨。在加强资源保护力度的同时,开展北五味子大面积人工栽培是解决原料短缺的根本途径,发展前景十分广阔。

一、主要生物学特性

北五味子为落叶木质藤本野生果树,主要分布于我国东北、朝鲜和俄罗斯远东地区的混交林及灌木丛中。在野生条件下,植株可高达 8～10 米,枝蔓柔软需缠绕于其他植物上向上生长,单叶互生,叶片卵形、阔倒卵形至阔椭圆形。在新梢或 1 年生枝上着生复芽(中间的主芽大,两侧的副芽小),主副芽为混合芽,萌发后既能开花又能长出枝叶。北五味子花单性,雌雄同株,通常有 4～7 朵花轮生于新梢基部。花呈黄白色或粉红色,雄蕊 5 枚,雌花心皮多数(14～44 个)聚合在花托上,落花后花托逐渐伸长发育成单轴型果穗,果粒形状有肾形、豌豆形和圆形,成熟时为红色或深红色。

北五味子是一种抗寒性很强的植物,在冬季枝蔓可抗−40℃的低温。4 月下旬萌芽,5 月上旬展叶,5 月下旬至 6 月初开花,8 月末至 9 月中旬果实成熟。北五味子是风媒花植物,花期 10～14 天,单花 6～7 天开完,开花的临界温度为 0℃～1℃。北五味子系耐阴喜光植物,在 20% 的荫蔽度条件下虽能维持正常生长,但结实率极低。其生长发育的优劣,与其生长环境,尤其是与透风、透光条件有着密切的关系。

北五味子在自然生长条件下,多生于山的背阴坡,虽能适应贫瘠、灰化黏壤土和河滩沙壤土,但总的来说它要求肥沃的土壤,它完全不耐沼泽化或长期过分潮湿的土壤,也不耐长期浸水的土壤;在野生条件下,北五味子主要靠营养繁殖,由母株的地下横走茎(分布在 10～40 厘米腐殖质层中)向四周伸展,盘根错节,新横走茎头 1 年形成不定芽,翌年长出新植株,同时又产生新的横走茎又向四周伸长,每年如此繁衍。

北五味子以中长枝结果为主,叶丛枝很少结果。3 年生以上植株从基部发出的萌蘖当年生长量可达 2 米以上,并且雌花比例较高。在冬剪时应适当调节叶丛枝及中、长枝的比例,并注意回缩衰弱枝,以培养新的中长枝,使树体适量结果,连续丰产稳产。对于长势较弱的主蔓可用基部的萌蘖枝进行及时更新。北五味子适宜在肥沃、排水好、湿度均衡的土壤上生长发育,高温干旱或氮肥偏少时不利于雌花分化。地下横走茎既是北五味子自身繁衍的主要器官,也是与母体竞争养分的主要器官,栽培管理中及时清除地下横走茎,能有效减少养分消耗,提高树体营养水平,对促进雌花分化具有积极作用。

二、繁殖技术

繁殖五味子苗木,一般有播种,扦插和压条等几种方法,因目前优良品种较少,生产用苗仍以实生苗为主。培育五味子苗木,可根据具体情况选择适宜方法。

(一)实生繁殖

1. 采种、层积处理及催芽   7月下旬以后可到栽培园或野外调查选种,选种标准是把穗长8厘米以上,平均粒重0.5克以上,浆果着色早的结果树,确定为采种树。8月末至9月中旬采收果实,搓去果皮果肉,漂除瘪粒,放阴凉处晾干。12月中下旬用清水浸泡种子2~3天,每天换1次水,然后按1:3的比例将湿种子与洁净细河沙混合在一起,放入冰箱或花盆中贮放,温度保持0℃~5℃,沙子湿度一般为饱和含水量的40%~50%,通常用手握紧成团又不滴水。北五味子种子层积处理所需要的时间在80~90天,播种前15天左右,把种子从层积沙中筛出,用凉水浸泡3~4天,每天换1次水。浸水的种子种皮裂开或露出胚根时,即可播种。

2. 苗圃地选择及播种前准备   为了培育优良的北五味子苗木,苗圃地最好选择地势平坦,水源方便,排水好,疏松、肥沃的沙壤土地块。苗圃地应在前1年土壤结冻前进行翻耕、耙细,翻耕深度25~30厘米。结合秋翻施入基肥,每667平方米施腐熟农家肥5立方米左右。

3. 露地直播   露地直播可实行春播(5月上旬)和秋播(土壤结冻前)。播种前做宽1.2米,长10米的低畦。播种采用条播法,即在畦面上按 15～20 厘米的行距,开深 2～3 厘米的浅沟,每畦撒播种子 100～120 克。覆 2 厘米厚细土。用木磙镇压,浇透水,在床面上覆盖一层稻草帘,以保持土壤湿度,至幼苗出土时揭去。为防止立枯病和其他土壤传染性病害,在播种覆土后,结合浇水,喷施 50%代森铵水剂 800～1 000 倍液。

在出苗前 15 天用农达 200～220 倍液喷洒床面,可有效防治各种杂草。当出苗率达到 50%～70%时,撤掉覆盖物并随即搭设简易遮荫棚,在幼苗长至 5～6 厘米时撤掉。苗期要适时除草松土,当幼苗长出 3～4 片真叶时进行间苗,株距保持 7～10 厘米。出苗后用 200～250 倍精喹禾灵、精吡氟禾草灵、烯禾啶可有效防治禾本科杂草。苗期追肥 2 次,第一次在拆除遮荫棚时进行,在幼苗行间开沟,每个苗床施尿素 200～250 克;硫酸钾 50～60 克;第二次在苗高 10 厘米左右时进行,每个苗床施磷酸二铵 300～400 克,硫酸钾 60～80 克。施肥后适当增加浇水次数,以利于幼苗生长。

4. 保护地育苗　在无霜期短的地方露地直播育苗一般得 2 年出圃,如果采取保护地提前播种培育营养钵苗,然后移栽于露地苗圃的方法,可达到当年育苗当年出圃的目的。

(1)播种及播后管理　4 月初,扣塑料大棚,制作纸袋营养钵,规格为 6 厘米×6 厘米×10 厘米或 7 厘米×7 厘米×10 厘米;营养土的配比为:细河沙与腐殖土比例为 1∶3,并按 5%的比例加入腐熟农家肥及 0.3%的磷酸二铵(研成粉末)。播种前给纸钵营养土浇透水,播种时底土及覆土拌入敌苗灵,在播种后结合浇水,喷施 45%代森铵水剂 800～1 000 倍液。每个纸钵内播种 2 粒,覆土 1～1.5 厘米。

播种后要保持适宜的湿度,一般 2～3 天浇 1 次水,小苗出齐后要遮荫 20 天左右,当温度在 30℃以上时要通风降温。

(2)幼苗移栽及圃地管理　6 月中下旬,幼苗带土坨移入苗圃。栽苗前苗圃地要充分做好准备（翻耙、打垄等），栽苗时用平镐破垄开 15 厘米深沟，施入口肥（每 667 平方米用优质农家肥 400～500 千克），纸钵苗按株距 10～15 厘米摆放沟中，用细土填平，浇透水，最后封垄。

幼苗移入苗圃后，土壤干旱时及时浇水，勤除草松土。7 月初进行第一次追肥。每延长米垄施硝酸铵 30～40 克，硫酸钾 10～15 克；8 月初进行第二次追肥，施三元复合肥 50 克或磷酸二铵 40 克、硫酸钾 10 克。

（二）无性繁殖

无性繁殖有扦插繁殖、嫁接繁殖和压条繁殖等方法，因无性繁殖的苗木能相对稳定地保持原品种的特征和特性，一致性强，随着优良品种及其种源的增多，无性繁殖将成为培育生产用苗的主要方法。

1. 硬枝带嫩梢扦插　在 5 月中旬至 6 月初，将母树上 1 年枝剪成 8～10 厘米插条，上部留 1 个 3～5 厘米的新梢，插条基部用 200 毫克/千克 α-萘乙酸或吲哚乙酸液浸泡 24 小时或用 2 000 毫克/千克液浸蘸 3 分钟。扦插基质上层为细河沙 5～7 厘米，下层为营养土（大田表层土加腐熟农家肥）10 厘米厚左右。插条与床面呈 30°角，扦插密度 5 厘米×10 厘米，苗床上扣荫棚，插条生根前，叶片保持湿润。

2. 绿枝扦插　在 6 月上中旬，采集半木质化新梢，剪成 8～10 厘米厚，插条上留 1 片叶，用 1 000 毫克/千克 ABT 1 号生根粉液浸蘸插条基部 15 秒或 300 毫克/千克 α-萘乙酸液浸蘸 3 分钟，扦插基质及扦插管理方法同上。

3. 根蘖苗移栽　在栽培园中，3 年生以上五味子树可产生大量横走茎，分布于地表以下 10～15 厘米的土层中，5～7 月份横走茎上的不定芽萌发产生大量根蘖。嫩梢高 10～15 厘米时，用平镐

地,园地内要空气流畅,不易遭受早霜和晚霜危害。北五味子一般实行篱架栽培,株、行距 0.6 米×1.8 米。

2. 定植前的准备 入冬前按确定的行距挖深 50～60 厘米、宽 80～100 厘米的栽植沟。挖土时把表土放在沟的一侧,新土放在另一侧,沟挖好后先填入一层表土,然后分层施入腐熟或半腐熟有机肥(3～5 米³/667 米²)分 2～3 次踏实。回填后把全园平整好,栽植带高出地面 10 厘米左右。架柱和架线的设立在栽苗前完成,架高 2 米,设 3 道线,间距 60 厘米。

(二)苗木栽植

成品苗在 4 月下旬定植。栽苗前把贮藏的苗木取出,放在清水中浸泡 12～24 小时,根系较长的剪留 15～20 厘米。栽植点距架线垂直投影线 10～15 厘米,挖直径 30～40 厘米、深 25 厘米的定植穴,挖出的土拌入 2.5 千克左右熟农肥回填到穴内 50%,在穴底培起馒头形土堆,把苗木放在穴内,根系要分布均匀,然后回填剩余的土,轻轻抖动苗木使根系与土壤密接,把土填平踩实。做直径 50～60 厘米的水盘,每株浇水 10～15 升,水渗下后将水盘的土埂耙平,用土把苗木的地上部分埋严,7～10 天后把土堆扒开耙平。

如果急于建园又无成品苗,可在早春 4 月初用温室或塑料大棚培育营养钵苗,6 月中下旬带土坨直接定植。

(三)土壤管理

1. 中耕除草 1 年 5 次以上,深度 10 厘米左右,栽植带内保持土壤疏松无杂草。在生长季节,用喷洒精喹禾灵、精吡氟禾草灵、烯禾啶 200～250 倍液均可有效防治禾本科杂草,杀草率可达到 95% 以上。

2. 间作及清理萌蘖 在一二年生园,行间可种植矮棵作物。

3 年生以上园要保持清耕休闲;在萌芽前清除植株基部上年产生的萌蘖。夏季,当地下横走茎萌生出的萌蘖在 5～10 厘米高时,用喷雾器喷洒 20％百草枯水剂 320～400 倍液也可有效清除萌蘖。喷洒药剂时应在喷雾器的喷头上加盖防护罩,勿触及主蔓上的嫩枝及叶片,避免在中午、高温天气或大风天施药。

3. 排水 萌芽期(5 月上旬)浇水能有效促进果树萌芽、开花、新梢叶片生长以及提高坐果率。落花后 7～10 天进行浇水(6 月上旬),能有效促进幼果膨大和树体发育。6 月下旬至 8 月下旬是北方雨季,要注意果园排涝。在土壤结冻前进行浇水,可起到防旱御寒作用,有利于花芽发育,促进肥料分解,且有利于树体翌年春天生长。

(四)田间施肥

1. 追肥 每年追肥 2 次,第一次在萌芽期(5 月初),追速效性氮、钾肥。第二次在植株生长中期(7 月上中旬)追施速效磷、钾肥。随着树体的扩大,肥料用量逐年增加,尿素 25～100 克/株,磷酸二铵 20～50 克/株,硫酸钾 10～25 克/株。

2. 秋施肥 五味子根系吸肥的适宜温度为 20℃～25℃,8 月中旬 20 厘米地温在 20℃以上,至 9 月中下旬 20 厘米地温已降到 12℃～15℃,因此进行秋季施肥以在 8 月中下旬进行为宜。秋施肥前对全园进行深耕(秋翻地),深度 20～25 厘米。秋施肥每 667 平方米用农家肥 3～4 立方米,添加速效性氮、钾肥 5～6 千克(尿素和硫酸钾按 2～3∶1 的比例进行混合),在架的两侧隔年进行,头两年靠近栽植沟壁,第三年后在行间开深 30～40 厘米的沟,填粪后马上覆土。

(五)整形修剪

1. 立架杆 北五味子枝蔓柔软不能直立,需依附支棍缠绕向上生长。因此,它的整形需人为设立架杆和结合修剪来完成。在苗木的根颈上部一般有 2～3 个芽体较大的基芽,萌发后抽生的新梢长势较强,待它们长到 20～30 厘米长时,将其以上部分剪掉,把它们留作主蔓培养。然后把长 2～2.2 米,上头直径 1.5～2 厘米的竹竿插在植株的基部,用细铁丝固定在三道架线上,入土部分最好涂上沥清以延长使用年限。

2. 冬季修剪　从植株落叶后 2～3 周至翌年伤流开始前均可进行冬季修剪,但以 3 月中下旬完成为宜。修剪时,剪口离芽眼 2～2.5 厘米,离地表 30 厘米架面内不留侧枝。在枝蔓未布满架面时,对主蔓延长枝只剪去未成熟部分;对侧蔓的修剪以中长梢修剪为主(留 6～8 个芽)间距保持 15～20 厘米,单株剪留的中长枝以 10～15 个为宜,叶丛枝原则上不剪,为了促进基芽的萌发,以利培养预备枝也可进行短梢和超短梢修剪(留 1～3 个芽)。对上 1 年剪留的中长枝要及时回缩,只在基部保留 1 个叶丛枝或中长枝。因为下部结果的重要部分,其上多数节位也易形成叶丛枝,上 1 年的延长枝也是结果的重要部分,其上多数节位也易形成叶丛枝,修剪时要在下部找以能替代的枝条进行更新。当发现某一主蔓衰老或部位上移而下部秃裸时,应选留从植株基部发出的健壮萌蘖作新的主蔓,把老蔓去掉。植株进入成龄后,在主侧枝的交叉处,往往有芽体较大、发育良好的基芽,这种芽大多能抽出很健壮的枝条,这对更新侧枝创造了良好的条件,应注意利用。

3. 夏季架面管理　植株在幼龄期要及时把选留的主蔓引缚到竹竿上促进其向上生长,成龄树侧蔓抽生的新梢原则上不用绑缚,若有过长的可留 10 节左右摘心,侧蔓(结果母枝)留得过长或负荷量较大,应给予必要的绑缚,以免折枝。

(六)早春防冻

在五味子展叶期(5 月上中旬),经常受冷空气侵袭,使气温骤降至 0℃以下。北五味子若遭晚霜危害,轻则造成嫩叶焦灼,重则造成叶、花焦枯,全园绝产。此期应关注天气预报,做好对晚霜的预防工作。用熏烟驱霜、喷水洗霜法一般可以防止 −2℃~3℃ 的低温。

四、病虫害防治

白粉病和黑斑病是北五味子常见的两种病害,一般发生于 6 月上旬。为害北五味子的害虫主要有食心虫、泡沫蝉、金龟子成虫和天幕毛虫等。为害期大多在 5 月下旬至 8 月下旬,防治方法如下:①两种病害的始发期相近,在 5 月下旬喷布 1 次 1∶1∶100 倍等量式波尔多液进行预防,如没有病情发生,可隔 7~10 天喷 1 次。②防治白粉病用 0.3~0.5 波美度石硫合剂或三唑酮、甲基硫菌灵可湿性粉剂 800 倍液;黑斑病用 50% 代森锰锌可湿性粉剂 600~800 倍液防治。如果两种病害都呈发展趋势,三唑酮和代森锰锌可混合配制进行一次性防治,浓度仍可采用上述各自使用的浓度。③5 月下旬(落花后 1 周)至 7 月中旬可将溴氰菊酯(或乐果)和三唑酮(或甲基硫菌灵)、代森锰锌(或退菌特)混制,既可防治以上两种病害又可防治各种虫害。④在管理上,注意枝蔓的合理分布,适当增加磷、钾肥的比例,以提高植株的抗病力;萌芽前清理病枝叶集中烧毁或深埋,全园喷布 1 次 5 波美度石硫合剂。

五、采收与加工

(一)果实适宜采收期

北五味子果实如采收过早,加工成的干品色泽差、质地坚硬、有效成分和各种营养成分含量低,将会大大降低其商品性;采收过晚,因果实易落粒,不耐挤压,也将造成经济损失。一般 8 月末至 9 月上中旬北五味子果实变软而富有弹性,外观呈红色或紫红色,达到生理成熟应适时采收。

(二)果实采收方法

选择晴天采收,在上午露水消失后进行。用采收剪剪断果梗,放入果筐内。采收时,尽量少伤叶片,暂不能运出的,要放于阴凉处贮放。采收过程中应尽量排除非药用部分及异物,特别是杂草及有毒物质的混入,剔除破损、腐烂变质的部分。

(三)果实粗加工

采下的果穗,传统加工方法是晒干,试验结果表明烘干和阴干果实有效成分含量均高于晒干。目前,北五味子种植已经形成规模,大量果实的粗加工必须依靠工厂化的烘干(加温排湿)技术才能完成。烘干温度不宜超过 60℃。温度过高,挥发油损失较大,降低品质。烘干至手攥有弹性、松手可恢复原状即为干好,去掉果柄、杂质等,入库或销售。干品以紫红色、粒大、肉厚、有油性及有光泽,种子有香气,干瘪少,无枝梗、无杂质、无虫蛀、无霉变者为佳。加工场所应清洁通风并设荫棚、防雨棚,也应有防鼠、鸟、虫及家禽(畜)的设备。

北五味子干品水分≤13.0%,总灰分≤5.0%,酸不溶性灰分≤1.0%,五味子醇甲($C_{24}H_{32}O_7$)≥0.40%,依据色泽、气味、质地、杂质等感观指标,划分为 3 个规格等级:

一级 干品紫红色、皮厚肉厚、有油性及光泽、有香气、无焦粒、无虫蛀、无霉变、无杂质的新干货。

二级 干品鲜红色、皮肉较厚、油性较少、无虫蛀、无霉变、无杂质,焦粒不超过 3%的新干货。

三级 干品浅红色,皮松肉少,果粒无油性或黑色肉厚之陈货,有少量虫蛀、无霉变、无杂质,焦粒不超过5%。

(四)包　装

把加工好的干品,剔除瘪粒、霉粒和杂质后,可进行包装。外包装可选用新的塑料编制袋或纸箱,内包装为无毒塑料袋。将北五味子干品先装入无毒塑料袋内封严,然后装入新的塑料编制袋内或纸箱内封口、打包。外包装上可印制标签内容或在醒目处贴标(挂卡),内容有品名、产地、等级、数量、毛重、净重、质量验收人、日期等。

(五)贮　藏

药材生产厂家应有与生产规模相适应的贮藏库。贮藏库最好有空调及除尘设备,地面为混凝土或可冲洗的地面,具有防潮、防尘、防虫、防霉、防鼠、防火、防污染等设施。产品入库48小时前,应完成室内除尘、地面冲洗、硫磺熏蒸消毒。包装好的产品应存放在货架上,与墙壁、地面保持60~70厘米的距离,定期抽查,防止虫蛀、霉变、腐烂等现象。

(六)运　输

药材批量运输时,要用洁净的车辆,不与其他有毒有害物质混装;运载容器应具有较好的通气性,以保持干燥,遇雨天要严格防潮。

第五章 平贝母规范化栽培技术

一、贝母的种类

贝母是一种常用药,在我国有悠久的用药历史,具有润肺、化痰、清火、镇咳、止喘、除燥的效用。商品名主要有浙贝母、川贝母、平贝母和伊贝母4大类。

(一)浙贝母

主产于浙江、江苏、安徽,贝母碱含量0.281毫克/克左右,鳞茎扁球形,由2～3个瓣组成,直径2～6厘米。

(二)川贝母

主产于四川、贵州等地,品种丰富,主要品种有:松贝、清贝、炉贝等。川贝母是止咳化痰的良药,中医处方用量相当大。以川贝母为原料生产的中成药达100种以上。据全国中药资源普查统计,川贝母野生蕴藏量约100万千克,多分布在人口稀少、交通不便的边远山区,采挖困难。川贝母也是重要的出口商品,创汇率较高。

(三)伊贝母

主产于新疆伊犁,2～3个瓣,直径1.5～6.5厘米,贝母碱含量0.188毫克/克左右。伊贝母药效与川贝母相近,在川贝母供应不足的情况下,伊贝母供应也显不足。伊贝母抗逆性强,生长迅速,清肺化痰效果显著,具有良好的发展前景。现有野生蕴藏量约

130 万千克。

(四)平 贝 母

主产于东北,以吉林省通化、桦甸、抚松产量最多;辽宁东部、黑龙江完达山等地均有分布;此外,山东、河北、江苏、河南、陕西等地也有少量栽培。平贝母地下茎供药用,主要功能是镇咳、祛痰清肺热,用于治疗气管炎、痈疮等疾病,是常用中药材之一。平贝母生育期 60 天,可粮贝间作,人工栽培 2 年收获 1 次,种栽用量 0.35～0.75 千克/米²,单位面积产量 1～2.5 千克/米²,鲜干比 2.5～3∶1。平贝母年需要量约 11 万千克,目前栽培面积约 1.33 万公顷。

二、平贝母主要生物学特性

(一)植物学特征

平贝母(*Fritillaria Ussuriensis* Maxim)为百合科贝母属多年生草本植物。鳞茎圆而扁平,须根。茎直立,紫色或绿色,高 30～60 厘米。叶线状披针形,无柄,下部常轮生,上部对生或互生。花钟形,黄绿色,内带紫色网状斑纹。蒴果倒卵形。

(二)生物学特性

野生平贝母主要分布于东北地区的长白山脉和小兴安岭南部山区。多生长在海拔 1 000 米以下湿润的山脚坡地,阔叶林带及河谷两岸,土壤质地疏松肥沃。平贝母为早春植物,喜凉爽湿润气候,怕干旱炎热,早春化冻即萌发出土,地温 2℃～4℃开始抽茎,13℃～16℃时进入生长盛期,年生育期约 60 天左右。

三、平贝母栽培技术

(一)选地与整地

栽培平贝母最适宜的土地是疏松、湿润、较肥沃腐殖土或沙壤土。最好选择背风向阳、靠近水源的地带，以便浇灌。前茬作物以豆类或玉米为好。选地后于4月下旬至5月上旬进行翻耕晾晒，随后耙细整平待做畦。

(二)做畦与施肥

平贝母产区为了有效地集中使用肥料，经多年生产实践经验，在做畦的同时集中铺施基肥为平贝母生长发育供给较充足的营养，是平贝母高产的主要措施之一。做畦与施肥的顺序是：

挂畦串→挖畦槽→施基肥→垫床土

1. 挂畦串 就是按照畦的宽度、长度和两畦之间的作业道宽度钉好木桩，用铁线或尼龙绳挂线。栽培平贝母的畦宽一般为1.2米，作业道40～50厘米，畦高、畦长可根据地形地势而定。一般地势高的地方可做低畦或平畦，地势低的地方应做高畦，畦高通常为15～18厘米。畦长以便于作业和排水为宜。

2. 挖畦槽 把畦宽内的土起出3～5厘米深，放到作业道上，使畦成浅槽形。

3. 施基肥 以腐熟的厩肥(猪粪、马粪、鹿粪、羊粪、人粪尿)最好。把准备好的粪肥铺在挖好的畦槽内，为3～5厘米厚，摊匀即可。

4. 垫床土 将挖畦时放在作业道上的土，打碎土块后平铺在基肥上，厚度约3厘米左右，然后用耙子搂平，待播种或移栽鳞茎，连同作业道内剩余的土待播种或移栽鳞茎时铺放在种子或鳞茎上面。

四、平贝母繁殖技术

（一）种子繁殖

平贝母种子与川贝母、伊贝母种子同样具有种胚后熟和上胚轴休眠生理特性。平贝母种子可 6 月上旬成熟，种子采收后稍晾干立即播种，不能及时播种种子需层积处理。播种方法可在畦上条播和穴播。条播行距 10 厘米，播幅 5 厘米，覆土 1～1.5 厘米厚，播量 5～6 克/米^2。穴播方法是将果实按子房室瓣成 3 瓣，按行、株距 10 厘米×6 厘米摆在畦面上，覆土 2 厘米厚，将畦面整平，用木板稍加镇压，播量每平方米约 140 个果。完成后在畦面上覆盖草帘或树叶，也可种植遮荫植物。

（二）鳞茎繁殖

平贝母与其他贝母品种最大差别有两点：一是其年生育期短（60 天左右）；二是成龄植株鳞茎每年可产生 10～20 个小子贝，所以平贝母生产上以无性繁殖（鳞茎繁殖）为主。鳞茎繁殖方法：于 6 月中下旬将起挖出的鳞茎按大、中、小分成 3 级，大者（直径 1.5 厘米以上）加工入药，中者（直径 0.8～1.4 厘米），小者（0.7 厘米以下）作种栽分别播种。栽植方法分横畦条播和撒播。

1. 横畦条播　将中鳞茎按行距 8～10 厘米、株距 5 厘米，小鳞茎行距 5 厘米、株距 3 厘米摆放在畦面上，芽朝上，然后覆土。中鳞茎覆土 5～6 厘米厚，小鳞茎覆土 4～5 厘米厚。

2. 撒播　撒播只限于小鳞茎，将小鳞茎以株距 1～1.5 厘米均匀地撒播在畦面上，然后覆土 4～5 厘米厚。

栽植后要在畦面上覆盖 2～3 厘米厚的盖头粪，其作用是：

降低畦面温度,保持畦内土壤湿度,利于平贝母鳞茎夏季休眠和冬季防寒。另外,粪肥通过雨水和雪水渗透到贝母根部,起到追肥目的。

五、田间管理

(一)除草、松土

平贝母是高度密植作物,加上粪水充足,极易发生草荒。必须适时除草和松土。对育苗田应做到见草就拔,除早除小,保证苗齐苗壮。

(二)追　肥

平贝母是喜肥植物。除种植和移栽时施用基肥外,于移栽后越冬前,在畦面上覆盖 1.5～3 厘米厚的盖头粪(腐熟的猪粪、羊粪、鹿粪等),如粪源充足每年在贝母植株枯萎后覆盖一层盖头粪,有保湿、防寒及追肥作用。留种田和移栽田移栽后翌年平贝母展叶前,于行间开沟追施过磷酸钙或磷酸二铵,每 667 平方米用量20～30 千克。

(三)种植遮荫作物

7月上旬平贝母地上植株枯萎后,地下鳞茎跟新芽和根分化的形成需要凉爽湿润的气候条件。因此,需要种植遮荫作物。用大田种植平贝母,可在畦旁种植玉米,或畦面种植黄豆,瓜类等;如用庭院种植平贝母,可在畦旁种植黄瓜、豆角、豇豆等疏菜。遮荫作物的种植时间与上述种类作物的正常种植时间相同。

将横走茎刨出,用剪子剪出带根系的"幼苗",按 10 厘米的株距破垄栽植于准备好的苗圃地中。如是晴天栽植,覆土后对幼苗应适度遮荫,2～3 天撤除遮阳物进入正常管理。

4. 嫁接育苗　用 1～2 年生实生苗作砧木,1 年生枝作接穗,4 月下旬至 5 月上旬进行嫁接。嫁接方法采用就地嫁接和先嫁接后移栽 2 种均可。

(1)就地嫁接　嫁接前把接穗浸泡 12～24 小时,在砧木根茎以下剪砧,接穗选择粗细适度、充分成熟的枝条,剪截长度 4～5 厘米,留 1 个芽眼,芽上剪留 1.5 厘米,芽下保持长度 3 厘米左右;用切接刀在接穗芽眼的两侧下刀,削面为 3 厘米长的楔形,最下端留 1～2 毫米厚,把削好的接穗放在水盆内待用;在砧木的中心处下刀劈开 3 厘米的劈口,选择粗细大致相当的接穗插入劈口内,要求有一面形成层对齐,接穗削面一般保持 1～2 毫米(露白),然后用塑料薄膜条将整个接口扎严。

(2)先嫁接后移栽　秋季起出砧木苗进行贮藏,嫁接前把砧木苗和接穗用清水浸泡 12～24 小时,剪除砧木苗上扭伤和霉烂的根系。嫁接方法同上,嫁接好的苗木,每 50～100 株捆成 1 捆,放阴凉处用湿沙培好暂放 3～4 天。把嫁接好的苗木移栽到苗圃后,20 天后可调查嫁接成活率。一般采用就地嫁接法比先嫁接后移栽法的嫁接成活率高。

三、栽培技术

(一)选地与整地

1. 园地选择　北五味子适于微酸性及酸性土壤,在无霜期 115 天以上,≥10℃年活动积温 2 300℃以上的区域可大面积栽培。建园应选择排水好、地下水位低的平地或 5°～15°背阴缓坡

(四)摘 蕾

平贝母生产田于现蕾期及时摘除花蕾,促进营养物质向鳞茎积累,达到优质高产。种子田也要进行疏花疏蕾,每株留花 2~3 朵即可。

(五)排水浇水

贝母遇到春季干旱,要及时浇灌。雨季之前要做好排水工作,以免田间积水,造成鳞茎腐烂。

(六)清理田园

当平贝母地上植株枯萎后,要及时将枯枝落叶清理出去,避免平贝母灰霉病大面积侵染。

六、病虫害防治

平贝母的主要病害有锈病、菌核病和灰霉病。主要虫害有金针虫、蛴螬、蝼蛄、地老虎。

(一)病 害

1. 锈病 吉林省产区锈病发生时期为 5 月上旬,又叫黄疸病。危害茎叶,发病时间于 5~6 月。

(1)发病症状 首先在叶背面和茎基部出现金黄色侵染病斑,孢子成熟后呈金黄色粉末状随风飘扬,传播迅速,此期为夏孢子阶段。以后病斑部位出现组织穿孔,切断输导组织,使茎叶枯黄,造成植株早期死亡。后期在贝母感病植株枯萎时,茎叶普遍出现黑褐色圆形孢子群,此期为冬孢子阶段。

(2)防治方法 贝母锈病应采取综合防治措施。主要做好以下几方面工作：一是及时清理田园，当贝母地上植株枯萎后把残枝落叶清理干净；二是在贝母生长期间做好除草工作，避免草荒；三是在贝母生长期间遇到干旱及时浇水；四是实行与其他作物轮作。通过上述措施，基本可以预防或控制川贝母锈病的发生。如仍有锈病发生，可用三唑酮、敌锈钠、萎锈灵药剂防治。用药剂防治也最好以预防为主，一般在川贝母展叶后立即喷药，每隔 7～10 天喷1 次，连续 3～4 次即可。喷药浓度：15% 三唑酮可湿性粉剂 200～300 倍液；敌锈钠 300～500 倍液；萎锈灵 500～600 倍液。以三唑酮防治效果最佳。防治效果达 95% 以上。

2. 菌核病（又叫黑腐病） 是在土壤中发生的病害，也是危害平贝母鳞茎较严重的病害。

（1）发病时期及发病条件 4～9 月份均可发生此病，一般从土壤解冻到展叶期，平贝母枯萎后，7～9 月份为发病盛期，一般在低温多湿，地势低洼，排水不良的情况下易得此病。

（2）发病症状 染病植株地上部早期叶片边缘变紫色或黄色，逐渐整个叶片卷曲严重，顶部叶片、叶卷须及叶尖失水萎蔫，最后全株枯萎而死。被害鳞茎从肉质部分产生黑斑，严重时整个鳞茎变黑，外部皱缩干腐，最后使整个鳞茎变黑腐烂，在鳞茎表皮下面形成大量的类似小米粒大的黑色菌核。

（3）防治方法 尽量选择地势略高，排水良好，透气性好的地块种植平贝母，建立无病种子田；实行轮作，更换老贝园；发现病区及时把病株及病土挖出，用石灰消毒封闭，换新土后补栽无病鳞茎，发病后用 70% 腐霉利可湿性粉剂 500 倍液或 50% 多菌灵 500 倍液浇灌病区。

3. 灰霉病 多发生于平贝母生长晚期。发病初期叶片出现大小不等的水浸状病斑，后扩至全叶，叶片变黄褐色，枯萎而死。该病在高温多湿，尤其是连阴雨天、雨后暴晴蔓延较快。5 月中下旬出现多雨天气时可喷施 50% 多菌灵可湿性粉剂 1 000 倍液或

70%甲基硫菌灵可湿性粉剂1 000～1 500倍液等防治。

(二)虫　害

1. 金针虫　为害贝母鳞茎。防治方法:用烟叶熬水淋灌(每667平方米用烟叶2.5千克,熬成75千克原液,用时每千克原液加水30升);毒饵诱杀,用敌百虫粉1千克,麦麸30千克,加入等量水充分拌匀,于黄昏时撒入被害田间,特别是雨后撒施效果更好,为害特别严重的田块,用煮熟的土豆去皮埋入田间,定期取出,将钻进土豆中的金针虫取出杀死,再埋入田间,可重复利用2～3次。

2. 蛴螬　主要为害贝母鳞茎。防治方法:用灯光诱杀成虫(金龟子);粪肥施用前用40%辛硫磷乳油300～500倍液喷洒拌匀,闷24小时可全部杀死。

3. 蝼蛄　可将伊犁贝母鳞茎和根咬成伤疤,吃掉。特别是对伊犁贝母1年生幼苗危害较重,在土壤表层钻成很多隧道,将伊犁贝母幼苗扒断,或使土壤过于疏松和透风,使幼苗干枯而死,造成严重缺苗断条。防治方法:用灯光诱杀成虫;蝼蛄发生严重的地块,用50%辛硫磷乳油500～700倍液,或80%敌百虫可湿性粉剂800倍液浇灌畦面,效果较好。

4. 地老虎　为害川贝母地上茎。防治方法:一是人工捕捉,清晨在新被害植株周围土内捕捉杀死,或在畦沟堆草诱杀,每天清晨翻开草堆捕杀;毒饵诱杀,用敌百虫粉1千克,铡碎的幼嫩多汁鲜草(灰菜效果最好)或菜叶25～40千克,加少许水拌匀,在夜间撒于被害田间。

七、平贝母初加工技术

(一)收获时期

平贝母利用种子繁殖,一般为5～6年生收获;利用鳞茎繁殖,按其鳞茎大小而言,大鳞茎栽后生长1年收获,中鳞茎生长2年收获,小鳞茎生长3～4年收获。

每年可在平贝母夏季茎叶枯萎时采挖,即6月上旬采收为宜。此时的鳞茎重量已达最大值,折干率和生物碱含量也较高。除采收鳞茎外,平贝母的茎叶也值得采收开发利用。据调查测算,四平头、灯笼秆、平贝母的茎叶占全株干重的1/4～1/2,而且茎叶枯黄时的生物碱含量可达0.25%,高于鲜鳞茎,可用作提取贝母碱的原料。

(二)采收方法

选择晴朗天气,土壤较干爽的时期进行采挖。先将贝母床上的茎秆割下或搂净,然后用平板锹把床土的表层覆土扒下翻到作业道上,贝母鳞茎要暴露,再用叉子翻出鳞茎。将符合加工标准的鳞茎挑出,剩下的鳞茎摊匀后,再将翻到作业道上的土重新盖上即可。在采挖时应注意检查鳞茎受病虫害的危害情况,以决定是否要施药或换地栽种。如果子贝的数量过多,也可拿出部分扩大种植。如果地下鳞茎受病虫危害过重,也可决定全部起收,用作加工成药的原料。有条件地区,还可将平贝母鳞茎全部起出,分级筛选后再播种。

(三)加工方法

平贝母的加工方法分为日晒干燥法、火炕干燥法和烘干法

3 种。

1. 火炕干燥法　平贝母火炕干燥法是将平贝母鳞茎按大、中、小分开,从炕头一端开始至炕梢,将大、中、小鳞茎按顺序排放,力求干燥时间一致。在室内土炕上用筛子筛上一层草木灰(石灰也可),然后铺上 3 厘米厚的一层鳞茎(不宜铺太厚),再筛上一层草木灰。然后加热,使炕上的温度达到手不能久放的程度(50℃～56℃),一般 24 小时左右即可干透。加工产品再用筛子筛去草木灰或石灰,再炕或日晒一下,以驱除遗留的潮气,即得到平贝母的初加工品,可进行销售。

此种加工方法应注意:炕温不可过高。否则,易炕熟、炕焦造成柔粒,变黄;也不可炕温太低或忽冷忽热,这样会延长加工时间,导致折干率下降等。另外,在加工过程中不宜翻动。否则,易造成柔粒。在加工过程中,当鳞茎达七八成干时,应撤火降温,以免炕焦。平贝母加工前后都不能水洗。

2. 日晒干燥法和烘干法　基本同于平贝母火炕干燥法。

第六章　细辛规范化栽培技术

细辛为马兜铃科（*Aristolochiaceae*）细辛属（*Asarum*）多年生草本药用植物，野生种有分布于东北的辽细辛（*A. Heterotropoides* Fr）和分布于陕西的华细辛（*A. Sieboldi Miq*）。细辛全草入药，有疏风散寒、温肺除痰、开窍通络之功，可治风寒头痛、风湿痹痛、痰饮咳喘、牙痛鼻渊等症。细辛全草有特殊辛香味，除药用外，还是香料工业的原料和良好的驱虫药。辽细辛的质量好于华细辛，因此生产栽培以辽细辛为主。

一、植物学特征

辽细辛为多年生草本，从根茎长出 2～3 片叶，叶柄长 5～20厘米，叶片心形或圆肾形，长 4～10 厘米，宽 6～13 厘米，全缘，表面绿色，背面灰绿色；地下有横走的根茎，生许多细长的根，花单生于叶腋，有细短花梗，形如烟袋锅，花冠紫褐色，呈壶状，先端三裂，裂片卵形，向外反卷。果实半球形，内有多数种子，千粒重约 4.89克。

二、生长习性

细辛多生于山林下或灌木丛间、山间阴湿的草丛中，喜生于排水好、富有腐殖质并较湿润的土壤中。幼苗、成株均能在田间越冬。细辛属于浅根系、阴性植物。在早春，比其他作物出苗早，生长阶段忌强光直射，田地栽培需要人工遮荫。在"花达阳"或"散射光"条件下可以正常生长，高温季节生长缓慢。如气温超过 35℃

时,叶片变黄,枯萎,常提早回苗。5 月份开花,6～7 月份种子成
熟。

三、栽培技术

(一)选地与整地

种植细辛应选择稀疏林地、腐殖质较多,疏松的壤土或沙壤
土,排水良好的阴坡、半阴坡均可,坡度以不超过 10° 为好。黏土、
沙土、低洼积水和山岗高地不宜种植。育苗地,如在林下,应选土
壤保水力好的缓坡地;田地育苗,应选平坦、疏松、肥沃和有灌溉条
件的地方。

在选好的地块上施足基肥(3 000～5 000 千克/667 米²),翻耕
15～20 厘米,耙平整细,做床。床宽 1.2～1.5 米,高 20 厘米,长
可随意,床与床之间留 50～60 厘米宽的作业道。

(二)繁殖方法

细辛的繁殖分有性繁殖(如种子繁殖与育苗移栽)和无性繁殖
(主要是分割根茎)两种。

1. 有性繁殖

(1)种子采收 6 月中下旬分批采收,随熟随采。即果实在由
红紫色变为粉白色或青白色,果肉粉质,种子黄褐色,无乳浆时采
收。摘下果实,在阴凉处放置 2～3 天,待果实皮变软,果肉呈粉状
即可搓去果皮肉,漂洗后,控干水在阴凉处晾至表面无浮水即可播
种。

(2)种子贮藏与运输 细辛种子属于胚后熟上胚轴休眠种子,
刚采下时发芽率达 96%,干放 20 天为 81%,40 天为 29%,60 天
仅为 2%,室温干藏其生活力仅能保持 1 个月,采种后不可干燥贮

藏,否则一般干藏 30～60 天便失去发芽能力。细辛种子运输时,仍需将种子与湿润洁净的细沙混拌并用木箱封装,运输时间最长不得超过 1 个月。

(3)播种 6～7 月份种子成熟采收后,应立即播种。因故不能播种,用 3 份湿沙、1 份种子混合均匀后,埋在背阴处,以保持适当湿度。但最迟不能晚于 7 月末播种,过晚影响长根。每 667 平方米约需鲜种子 5 千克左右,处理好的种子裂口率达 80％以上,胚长充满种子,无腐烂霉变。细辛播种采用条播和撒播均可,以撒播较好。

①撒播 播种前先在做好的苗床上挖 3～5 厘米深的浅槽,用筛过的细腐殖土将槽底铺平,然后将种子混拌上 5～10 倍的细沙或细腐殖土,均匀撒播。要求种子间距 1～2 厘米。播后用筛过的细腐殖土覆盖,厚度为 0.5～1 厘米。畦面覆盖 2～4 厘米厚落叶或草保湿,防止畦面板结和雨水冲刷。播种量为鲜种 100 克/米²。

②条播 在整好的床面上横向开行距 10 厘米,宽 5～6 厘米,深 3～5 厘米的平底浅沟,沟底整平并稍压实,然后将种子均匀播于沟内。用筛过的细腐殖土覆盖,厚度为 0.5～1 厘米,脚踩一遍,浇水,过 2～3 天后盖一层柴草或树叶保墒,翌年春出苗前撤去覆盖物。播种量为鲜种子 80～100 克/米²。细辛播种后当年扎根不出苗,翌年春季在出苗前要及时揭除覆盖物,以利于出苗。

③移栽 幼苗培育 2～3 年后移栽。春、秋两季均可栽植,但以秋栽好。秋栽在叶萎谢后,春栽于芽苞萌动前,选根须完整无病虫害的壮苗。在事先准备好的苗床上横向开行距 15～20 厘米,深 9～10 厘米的沟进行丛栽。丛距 8～10 厘米,每丛栽小苗 3～4 株,大苗 2～3 株,芽头离开,稍抬起,根须呈扇形舒展;如土壤干旱,需浇水,待水渗下后,覆土 7～8 厘米厚(田地移栽覆土可浅些),稍加镇压。秋栽后,畦面覆盖枯枝落叶,以防雨水冲刷或土壤板结;如早春移栽需搭荫棚。

2. 根茎繁殖　多结合收药进行。将细辛挖出后,大部分根茎和须根加工入药,选取顶芽饱满健壮的根茎,剪成长 4～5 厘米、有 2～3 个芽和 15～20 条须根的种栽。栽法同上。

(三)田间管理

1. 遮荫　如果栽培地面无自然林荫,出苗前将覆盖物去掉,随即搭棚遮荫,棚高 80～100 厘米,上盖蒿草、秫秸帘子或尼龙网。

2. 追肥　细辛喜肥,在施足基肥的基础上,每年追肥 2 次,第一次在 5 月上中旬进行,第二次在 7 月中下旬进行,即用腐熟猪粪(5 千克/米²)和过磷酸钙(100 克/米²)混拌均匀后,于行间开沟施入。

3. 中耕除草　每年 3～4 次。中耕时,床边宜浅,中间稍深,根际浅锄,行间深锄,以不伤根为原则。

4. 防旱排涝　细辛为须根系植物,根系多分布在 15 厘米土层内,怕旱怕涝。东北地区在 5 月中旬至 6 月下旬常发生干旱,遇干旱时应及时浇水;7～8 月份为多雨季节,事先应挖好排水沟,雨后要及时排除田间积水。

5. 拆除遮阳物　9 月中旬以后,将遮阳物撤掉;地上部枯萎后,清理床面,将枯叶等杂物烧毁。

6. 秋施盖头肥　封冻前在床面覆盖 1～2 厘米厚的腐熟农家肥(盖头肥)或覆盖一层枯枝落叶上压一层土。覆盖能保温保湿,防止芽苞免受冻害。翌年春化冻后,及时清除覆盖的枯枝落叶,以利于出苗。

(四)病虫害防治

1. 立枯病的防治　在春季种子出苗前用 70％敌克松 500 倍液喷洒床面;出苗后用 50％多菌灵 500 倍液进行防治。

2. 菌核病的防治　此病多发生在 6～7 月间,发病初期在叶柄基部,呈褐色条形病斑,扩展后地上部倒伏枯死。同时,病菌向根部蔓延,使根茎上布满黑色菌核,以至全根腐烂仅剩根皮。其防治方法是:早春及时松土,提高地温;注意排水;发现病株及时拔除毁掉;用 0.3 波美度石硫合剂、45% 代森铵水剂 600～800 倍液、80% 代森锌可湿性粉剂 600 倍液喷洒;适时采收,换地栽培。

3. 锈病的防治 干旱时应及时浇水,展叶后喷施 50% 多菌灵可湿性粉剂 300 倍液,每隔 7～10 天 1 次,喷施 2～3 次。

4. 虫害防治 为害细辛的虫害有小地老虎(Agrotis ypsilon Rottemberg)、细辛凤蝶(Luchodorfia Puziloi)的幼虫、黑毛虫及蝗虫、蚂蚁等,它们咬食细辛的芽苞和叶片,可用敌敌畏、敌百虫、氰戊菊酯等药剂防治。

四、采收加工

用种子繁殖的 5～6 年,根茎繁殖的 3～4 年收药。8～9 月间选两个叶片(或 3 个)的茂盛植株,连根挖出,抖掉泥土,阴干入药。切忌水洗,以防减少辛香气味,影响质量。干品贮藏于通风干燥处,防止破碎、受潮、发霉。

细辛除国内需求外还大量出口,近年来货源缺口较大,一直是药材市场的畅销品。目前干品价格 26～40 元/千克。人工栽培 3～4 年收获,每平方米产鲜品 2.5～5.0 千克,高者达 3 千克以上,折干率 4～5∶1。

第七章 关龙胆规范化栽培技术

龙胆草系龙胆科龙胆属多年生草本植物,为中医常用的清肝胆实火、除下焦湿热的要药,以其味苦如胆而得名,具有保肝利胆、抗菌消炎、健胃利尿、抑制肿瘤、抗艾滋病毒等多种功效,多用于目赤头晕、耳聋耳肿、胁痛口苦、咽喉肿痛、惊癫抽搐、湿热疮毒、湿疹、阴肿、阴痒、小便淋痛、食欲不振等症。近年来,临床在治疗急慢性肝炎、乙型脑炎和各种癌症方面,已取得良好效果。

一、龙胆草的种类

世界上有龙胆草约 500 种,我国有 230 多种,药用有 10 多种,全国各地均有分布。商品龙胆多通称胆草,按产地分为关龙胆、苏龙胆、严龙胆和川龙胆;以生境可分为山龙胆和水龙胆;叶型或体型小者往往称之为小龙胆草。入药典品种有粗糙龙胆、条叶龙胆、三花龙胆和坚龙胆。

(一)关 龙 胆

主产于东北三省,包括条叶龙胆(*G. Manshurica* Kitag)、粗糙龙胆(*G. Scabra* Bunge)和三花龙胆(*G. Trifora* Pall)3 种。以上3 种龙胆的根和根状茎,均含龙胆苦苷、当药苦苷和当药苷,而且它们的含量是龙胆属植物中比较高的品种。因关龙胆产量大、质量高,在国内外颇负盛名。

(二)苏 龙 胆

产于江苏的条龙胆与粗糙龙胆称为"苏龙胆"。在江苏,条龙胆又称为水龙胆,粗糙龙胆又称为山龙胆。

(三)严 龙 胆

分布于浙江西部建德地区(古称严州),"严龙胆"之名由此而来,是我国古代龙胆地道药材之一。

(四)川龙胆(滇龙胆)

商品川龙胆的原植物主要为坚龙胆(*G. Rigescens* Franch),分布于云南、四川、贵州和广西等地,为西南地区药用龙胆的主要品种,多自产自销,少量销外省。其所含苦苷成分与关龙胆相似,而且含量也比较高,亦可视为优质龙胆品种之一。

二、主要生物学特性

(一)植物特征

多年生草本,高 30～60 厘米。根茎短,周围簇生多数细长圆柱状根,土黄色。茎直立,常带紫褐色。叶对生;叶片卵形或卵状披针形,先端渐尖,基部阔,楔形,全缘,无柄。花簇生茎顶和叶腋;花冠筒状钟形,蓝色。蒴果长圆形。种子多数。花期 7～8 月份,果期 8～9 月份。千粒重约 3 毫克。

(二)生长特性

龙胆为多年生草本植物。喜温和凉爽气候,耐寒,地下部可耐受—25℃以下低温。忌强光,在干旱季节,叶片出现灼伤现象。龙胆种子具有低温休眠特性,秋季种子成熟采收后,应装袋放入仓房冷冻贮藏,不宜在室温下干燥贮藏;龙胆种子还具有光萌发特性,种子萌发过程中需要一定的光照条件,龙胆种子的光萌发特性可用硝酸盐来解除,用 3％硝酸钾水溶液于室温下浸种 3 小时后,在完全黑暗条件下种子可以正常发芽,发芽率为 82％(光照下发芽率为 90％)。龙胆种子在室外自然条件下贮存 5 个月,发芽率由 80％左右降至 30％～40％,贮存 1 年发芽率为零。在室内高温干燥条件下贮存,5 个月发芽率由 80％降至 0.2％左右,在 0℃～5℃条件下,湿沙埋藏 6 个月后发芽率为 70％～80％。

三、栽培技术

(一)选地与整地

1. 选 地 土质以富含腐殖质的壤土或沙壤土、森林腐殖土、棕壤土为宜,要求土层深厚,土质肥沃,疏松,湿润,土壤 pH 值为 5.5～6.5。土壤中六六六、DDT、五氯硝基苯含量分别不得超过 1 毫克/千克。地势平坦或缓坡地。周边环境远离交通干道 200 米以外,周围不得有污染源。

2. 整 地 整地时间在播种或移栽的上年秋进行,整地前先施入腐熟农家肥 3 000～5 000 千克/667 米²,然后耕翻耙碎,整平,做成宽 1.2～1.5 米、高 20 厘米的平畦,畦长适中,畦间距 50 厘米。如果没施农家肥的土壤结合做畦,每 1 000 平方米施入磷酸二铵 30～40 千克,在做畦时与土壤混拌均匀。

(二)种栽繁育

1. 种子处理

(1)沙藏法 播种前 30～40 天,用洁净细沙与种子按 6∶1 的体积比混拌,湿度以手握成团一松即散为度,含水量为 25％～30％,然后装入木箱,放在 0℃～5℃阴凉处待播。

(2)GA₃ 处理法 在播种前 1～3 天,配成 50 毫克/千克浓度

的 GA_3 水溶液浸种 6 小时,用清水洗种,使水达到无色时把种子装入布袋中控至不流水为止,然后用细沙与种子按 6∶1 的体积比拌种,放在 0℃～5℃ 阴凉处待播。

(3)育苗时间 秋播 10 月上旬至封冻前;春播在 4 月上旬,土壤解冻 2～3 厘米。

2. 育苗方法 龙胆种子很小,每个果实内含 2 000～4 000 粒种子,通常每株结 1～8 个果实,因此 1 株龙胆种子可繁殖 2 000～40 000 株苗,生产上为加速繁殖,多采用育苗移栽方式进行生产。种植龙胆可分为秋播和春播,秋播在 10 月中下旬至上冻前播完,春播在 4 月上旬至 5 月下旬进行,当地温在 8℃～10℃ 时就可播种。经验认为适时早播是培育大苗的重要措施,苗大根粗,越冬芽也粗壮。

把处理的种子按(干种)2～2.5 克/米² 播种量,用草木灰、细沙或细土充分混拌均匀,同时将种床浇透水,待水渗下后,立即播种。为使播种均匀一致,要有专人按畦面积把种子称好,选择有经验的人撒播种子。为使种子撒得均匀,将细沙拌种子再加少许滑石粉调成白色,在床面容易辨认,先撒 2/3,再用 1/3 找零。撒播好后用平板锹将畦面拍平,使种子与土壤紧密结合,并在畦面上覆盖一层长松针或稻草,厚度为 1～2 厘米。

3. 苗期管理 播种后能否取得育苗成功,关键在苗期管理,田间管理应做好以下几点。

(1)浇水 龙胆种子细小,幼苗生长慢,播种后畦面上有干土层时应及时浇水。小苗出土后需天天观察,必须保持表土层湿润状态。从播种后至出苗前为种子萌发期,此时期床面的湿度要保持在 70% 左右;从出苗到长至 4 片真叶为小苗生长发育中期,此阶段床面湿度应保持在 50%～60%;从小苗长出 5～6 片真叶至秋季枯萎,为小苗生长发育后期,床面湿度应保持在 40%。浇水时应避开白天高温期,在上午 5～8 时、下午 16～19 时进行。否则,地面温差太大会引起病害发生。

(2)**床面覆盖** 种子播种后至出苗前要经常检查床面松针厚薄度是否均匀,过薄易干的地方要补加一些,过厚影响透光的地方要撤掉一些。气温升至 20℃时,便开始出苗,刚出来的小苗 2 片真叶非常小。苗出来后,床面的覆盖物不要撤掉,让小苗在松针下生长一个阶段,等小苗长至 4～6 片真叶时,随着拔草撤掉一半松针,剩下的松针保留。

(3)**及时除草** 育苗期间,要及时进行除草,防止草荒,保持床面无杂草。天气干旱时应及时灌溉,苗期进行 1～2 次叶面喷肥,以促进根系发育。

(4)**越冬防寒** 龙胆如当年秋不移栽,需在原田间越冬,秋季越冬芽多暴露在土表,冬季雪少时易受冻害。所以,入冬前要将畦面用树叶或稻草覆盖,以保持越冬芽安全越冬。

(三)移 栽

1. 起收 1～2 年生苗均可移栽,时间在当年秋枯萎后至封冻前或翌年春 4 月中旬至 5 月初越冬芽萌动前进行。

挖苗时,用铁锹从苗畦的一端开始,从苗畦两侧向里挖起,深度以不伤根为宜。挖出的小苗,要避免阳光暴晒和损伤越冬芽,将苗挖出后,抖净泥土,按大小分级分别栽植,必须随起随选随栽。

种苗起出后因故不能及时栽植时,必须进行假植。把苗按一定量捆成小把,一层土一层苗埋在阴凉处,然后用稻草等盖上,防止水分蒸发。土壤干旱时适当喷一点水,保持湿度。严禁将小苗放在畦面上等地方暴晒。种苗根据质量可分如下 3 个等级。

(1)**一等苗** 主根长 10 厘米以上,无病,芽苞饱满,每 500 克在 300 株以内。

(2)**二等苗** 主根长 5～10 厘米,无病,芽苞饱满,每 500 克在 350～400 株。

(3)三等苗　主根长 5 厘米以下,具有生长能力的苗,每 500 克在 400 株以上。

种苗充足时多选择一、二等苗栽植。

2. 移栽方法　首先沿畦面横向开沟,行距 15～20 厘米,沟深 10～12 厘米,株距 5～6 厘米,将苗摆入沟内,用开第二行沟的土覆上第一行的苗,周而复始,依次类推。覆土后稍加镇压,保持移栽后的畦面平整,覆土一般厚度为芽茎以上 2 厘米左右,栽后浇透水,覆上 1～2 厘米厚稻草保湿。1 年生苗密度约 150 株/米^2,2 年生苗约 120 株/米^2,苗萌发后撤去覆盖物。

(四)田间管理

1. 除草　除草不要受遍数限制,本着除早除小,见草即除的原则。切不要待杂草长起来形成草荒时再拔草,这样既费工又伤苗。

2. 松土　松土的目的是防止畦面土壤板结,提高土壤透气性,减少水分蒸发,并除掉萌芽中的杂草。在移栽缓苗后,应及时用手或铁钉耙破除因浇水造成的畦面板结层。注意移栽苗是斜栽的,松土时不要过深,以免伤苗或将苗带出。一般移栽后龙胆田结合除草松土 2～3 次即可。

3. 追肥　可在展叶以后至现蕾期间和开花至结果期间进行 2 次叶面追肥,使用磷酸二氢钾、叶面宝、丰产素等叶面肥(浓度见说明书),进行叶面喷施。3～4 年生龙胆可在生育期间进行适量根际追肥,一般每平方米施饼肥 100～150 克、磷酸二氢铵 50 克、农家肥 3 千克。其方法是按行的空间开沟,深 2～3 厘米,将上述肥料施入沟内,并将土覆平即可。

4. 疏花与摘蕾　为减少营养物质消耗,促进根系物质积累,加速根茎生长,非采种田在现蕾后应将花蕾全部摘除。

四、病虫害防治

（一）病害防治

1. 斑枯病（*Septoria Gentianae* **Thuem**）　是龙胆 4 种病害中最严重的病害。主要危害叶片，幼苗从第一对真叶期即可发病，定植后的成苗从植株底部 3～4 对叶片开始发病，发病初期病斑周围出现蓝黑色的晕圈，中间出现小黑点。以后随着病情的发展，病斑加大，相互融合，造成叶片枯死，严重的导致叶片干枯至整个植株枯死。发病严重的地块植株全部因病死亡，一般减产高达 30％～50％。防治措施如下。

（1）秋季清除枯枝病叶，集中烧毁　移栽前用 50％多菌灵或代森锰锌可湿性粉剂 500 倍液浸种苗 1 小时，晾干后定植。

（2）加强田间管理　有条件可采用挂帘遮荫栽培，或于苗床两边按株距 40 厘米的距离种植玉米等高秆作物。试验发现，光照有利于病斑扩展和产孢。遮荫栽培田比裸露栽培田发病轻。龙胆与高秆玉米间作遮荫栽培可明显减轻发病。遮阳物主要作用是减少阳光直射，延缓龙胆草叶片枯黄而降低植株的抗病能力。遮阳作物的种植也增加了单位面积的经济收入。

（3）种苗消毒　龙胆草种子和种苗均可带菌传病，因此播种和移栽前用 50％代森锰锌可湿性粉剂 500 倍液浸泡种子和种苗 1 小时。另外，要选择无病株留种。

（4）培肥地力与土壤消毒　土壤肥力高，秧苗长势好，生长量大，抗病能力强，同时也可提高经济产量。因此，一般在移栽前每 667 平方米施有机肥 3 000 千克、磷酸二铵 10 千克。同时，用 50％多菌灵可湿性粉剂 400 倍液浇灌苗床，可将病情指数控制在 20％以下。

（5）合理轮作　调查发现，连作田发病早而重，新栽田发病晚而轻。栽培年限越长发病越重，其主要原因是田间积累大量菌源。因此采用轮作、搞好田园卫生和春季畦面消毒可有效地控制病菌初侵染，减轻病害流行速度。

（6）药剂防治　5月初开始喷药，可选用50%代森锰锌可湿性粉剂500倍液，或70%甲基硫菌灵可湿性粉剂800倍液，或1：1：160波尔多液，或64%噁霜·锰锌可湿性粉剂600倍液，或58%甲霜·锰锌可湿性粉剂500倍液，或65%甲霉灵可湿性粉剂600倍液，或77%氢氧化铜可湿性粉剂600倍液。几种药剂交替使用，防治效果较佳（每隔7～10天喷1次，视病情发展，确定喷药次数）。

2. 叶腐病　感病植株叶片呈水渍状，逐渐变黑腐烂，烂叶发黏，手不易提起，重者连根烂掉。病区呈同心圆状向四周蔓延，边缘有白色霉状物。温度变化剧烈以及高湿都利于发病，该病病因不明。

防治措施：除注意减少土壤湿度外，在发病期间可喷施1%多抗霉素水剂600～800倍液，或用75%百菌清可湿性粉剂1 500倍液、70%甲基硫菌灵可湿性粉剂800倍液浇灌病区。

3. 苗枯病　一般在出苗后第一对真叶至第二对真叶期间发病，患病叶片淡黄色，个别叶片中心紫绿色，根与土壤脱离，不下扎，但可延续10～20天不死。该病多发生在光照强、土质沙性大、湿度小的地方，其致病原因尚不清楚。

防治措施：除进行综合防治外，注意保持病区的土壤湿度，并减小光照强度，可减轻本病的发病程度。

（二）病害综合防治措施

1. 严格选地　应选择靠近水源、排灌方便、土层深厚、肥沃、质地疏松的壤土、沙壤土。地势低洼、易板结的地块病害往往较重,不宜选用。

2. 土壤消毒　在做畦时,可用 50％多菌灵 7～8 克/米², 或甲霜灵 7～10 克/米² 进行土壤消毒,以消灭杂菌。

3. 种子、种苗消毒　要尽量选用无病的种子栽种,在播种前,种子可用 50％多菌灵可湿性粉剂 800～1 000 倍液室温下浸种 100～150 分钟,或 70％代森锰锌可湿性粉剂 500 倍液浸种 60 分钟进行种子消毒。种苗可用上述药液蘸根后移栽。

4. 调光调水　龙胆草在育苗期间,光照过强和干旱易发生苗枯病,湿度过大易发生猝倒病和叶腐病,因此要视具体情况调光调水。一般荫棚透光率不宜超过 52％,不应低于 10％,以 14％～25％较适宜。

5. 移栽　田畦面覆盖稻草、枯草或树叶可减轻龙胆草斑枯病和褐斑病的发病程度,有利于防病。

6. 间作玉米　龙胆草喜冷凉湿润气候,移栽田适当间作玉米,可创造适宜龙胆草生长的凉爽湿润环境,提高植株抗病性。

7. 生育期化学防治　在生育期间,可用 1％多抗霉素水剂 120～150 倍液,70％甲基硫菌灵可湿性粉剂 800～1 000 倍液,50％多菌灵可湿性粉剂 500～800 倍液,70％代森锰锌可湿性粉剂 400～500 倍液,抗枯 800 倍液,75％百菌清可湿性粉剂 800 倍液,1∶1∶100 波尔多液 120 倍液和 50％胂·锌·福美双 800～1 000 倍液交替进行叶面喷雾,从 5 月下旬起至 9 月初止。7～8 月份每隔 5～7 天喷 1 次,其余时间每 7～10 天喷 1 次。

8. 控制中心　要经常检查田间,一旦发现病株病叶,应即刻消除,并用加倍的药液处理病区。

9. 搞好田间卫生　龙胆草田间要保持清洁,秋末要将残株病叶清除出田外烧掉或埋掉,消灭侵染源。

10. 越冬防寒　秋末上冻前,床面要覆盖 10 厘米左右厚的稻草或树叶,以防冻害。

上述 10 项措施是一个有机的整体,在实际生产中,既要全面实施,又要根据生长季节、气候特点以及具体病害的发生情况进行重点防治,以求完全控制病害的发生发展。

(三)虫害防治

龙胆苗期的虫害主要是地下害虫为害较重,其中以蝼蛄,蛴螬两种地下害虫为主。多以蝼蛄为害为重点。其为害方式是从畦外窜入或从地下穴巢打洞行至畦面后,在距畦面 1～1.5 厘米深处拱起隧道。破坏畦面平整,使之缺水、透风造成小苗死亡。轻者造成断条,重者全畦毁掉。

防治方法如下:①整地时进行土壤处理,每平方米施 5% 辛硫磷颗粒剂 5 克,或 25% 敌百虫粉 5 克,在整地时把杀虫剂与土壤拌匀即可。②播种后畦面喷洒杀虫剂进行防治。可用 2.5% 溴氰菊酯乳油 2 000 倍液,4.5% 氯氰菊酯乳油 2 000～3 000 倍液防治。③毒饵诱杀。用 50% 敌百虫粉剂 1 千克拌入 20 千克炒香的麦麸或豆饼加适量水配成毒饵撒于畦面诱杀。④地下害虫种类发生多,为害重,必须采用综合防治措施。提前整地,施高温堆制充分腐熟的肥料,灯光诱杀成虫,搞好田间清洁,人工捕杀及化学防治相结合的综合防治措施才能有效地控制害虫的发生和为害。

(四)鼠害防治

发生在龙胆地的鼠害主要有田鼠、山鼠、鼹鼠等,在畦上掘洞,破坏土层,食害根系。防治措施,主要是人工捕捉,安放鼠夹、鼠笼或向洞中灌水等措施捕杀。也可在洞口下鼠药。对于鼹鼠用磷化锌装于葱白或葱叶内,放在洞口即可。注意:鼠药属剧毒药,应妥善保管,不得误食。

五、采收与初加工

(一)种子采收与贮存

1. 种子采收 龙胆在正常气候条件下,8月20日开始孕蕾,9月中旬进入开花盛期,10月中旬种子开始成熟。一般年份使种子直接成熟果核开裂的情况很少,多数靠后熟。种子是否成熟,有如下特征:当蒴果黄色,顶端开裂的,为直接成熟;检查核未开裂,但颜色呈黄色或蜡黄色的也是成熟特征;如果下霜后大部分果核仍比较硬,呈绿色,这时判断成熟的方法是扒开几个果核,取出绿色种子,用手捻开,如果白色种仁即可定为可以后熟的种子。

由于龙胆种子不是同一时间成熟,所以要成熟一批采一批,以免将开裂好的种子漏掉。直到夜间气温渐达-4℃~5℃时,再将果核一次性摘净。采收后的种子放在凉台上或苫布上晾晒,夜间要做好防冻工作。不能烘干和炕干。晒干后的果核自然开裂,大部分种子自然脱落,剩下少部分经翻倒几次也都脱出,用细箩将种子筛出,晾晒几天干后装入布袋保存。

2. 种子的贮存 龙胆种子在土壤中发芽能力可保持2年,在库房中贮存时间不得超过200天。有条件的可将种子放在低温下保存,没有条件的可将种子袋吊在仓库中保存,千万不能放在住人的室内保存。保存种子温度应在0℃以下,不得超过10℃,否则严重影响种子出芽率。贮存种子的相对湿度不能过大,相对湿度大易使种子发霉,种子贮存库如过度干燥便会造成植物油大量挥发,从而影响种子发芽率。

(二)根的采收与加工

1. 根的采收 关龙胆生长3~4年即可采收。由于根中总有效成分含量在枯萎至萌动前为最高。因此,每年龙胆收获时节为春、秋两季,但以秋季收获为佳。春季采收在未萌动前进行,因龙胆萌动后,本身营养物质消耗,影响药效及折干率。留种田在10月上旬至10月下旬采收,春季采收多在4月中旬至5月上旬进行。

2. 收获方法　首先清除畦面秸秆,然后从龙胆畦的一端开始,用镐从畦两侧向内将根刨出,不准用镐从畦面向下刨,以免刨坏根茎。最后将起出的龙胆去掉地上茎,抖去泥土,装入容器内,运至加工厂。起货时注意气温变化,当温度过低时,不能起货,虽然龙胆根在土壤中可抵御-40℃的低温,但出土后的根茎一经受冻后呈透明状,有效成分及折干率可下降15%～20%。因此,起货时应特别注意防冻。

(三)加　工

1. 挑选　首先将龙胆枯茎、杂草除净,根部进一步抖去泥土,按大小分成2级。根长为15厘米以上,根形完整为一级品,其余为二级品。

2. 加工场地　龙胆加工场地要洁净,远离工厂、农药、化肥、汽油库等地。

3. 加工方法　关龙胆加工方法有两种,即加工室烘干法和自然干燥法。

(1)加工室烘干法

①冲洗　清除泥土杂质,先用喷水枪将泥土冲洗干净。

②装盘烘干　先将洗净的龙胆根捋齐装盘,放入干燥室进行烘干。烘干室内温度应控制在35℃～45℃,经40～60小时即可烘干,折干率为21.9%。烘干期间要不断调整烘干盘的位置,以防干燥受热不均或烘焦。

③打潮捆把　把烘干好的龙胆干品放在塑料膜上,摆一层,喷

一层温水。但喷水不要过量,喷好后将其包好。经 2～3 小时后,将其打开,捋齐捆好把,把的大小要均匀适度,一般 40～60 克为宜,捆好后,再整齐装入盘内,放入低温室进行二次干燥。

(2)自然干燥法　一般量少用此方法,折干率为 22.2%,干燥时间约 168 小时。把分级洗净后的龙胆放在盘或帘子上在自然阳光下晒干,半干时抖去毛须继续晒至完全干后再回潮捆把,再把小捆把晒干。

第八章　柴胡规范化栽培技术

柴胡为伞形科柴胡属多年生草本植物,分布于东北、华北、华东及内蒙古、河南、陕西等地。我国可供药用的有 20 多种,其中柴胡(B. chinense DC)和狭叶柴胡(B. scorzonerifolium Wild)为我国药典规定正品。长期以来,人们根据性状的不同,习惯地把前者称为北柴胡,把后者称为南柴胡,它们的共同点是耐干旱、抗寒能力强,不仅种植方法相同,而且在我国南北方都有栽培。

柴胡是我国常用中药材,含 α-菠菜甾醇(α-Spinasterol)、春福寿草醇(Adonitol)、柴胡皂苷 a、b(Saikosaponin a、b)、柴胡皂苷 d(Saikosaponin d)、柴胡皂苷 c(Saikosaponin c)多种有效成分,具有解表和里、升阳、疏肝解郁等功能,主治感冒发热、寒热往来、胸胁胀痛、月经不调、子宫脱垂、脱肛和疟疾等症,并是多种中成药的原料。

一、选地整地

(一)选　地

1. 育苗田的选择　选择背风向阳,地势平坦,灌排方便,土层深厚的沙壤或轻壤土地块,土壤 pH 值 6.5～7.5,同时交通运输也要方便。

2. 生产田的选择　选择沙壤土或腐殖质土的山坡梯田,或旱坡地,或新开垦的土地为宜;盐碱地、低洼易涝地段和黏重土壤不适宜种植柴胡。

(二)整 地

育苗地整地要精细,在地平、土细、耕层土壤疏松上狠下功夫。耕翻深度达 25 厘米以上,清除石块、根茬和杂草,做到精耕细作。

生产直播田整地,深翻达 30 厘米以上。冬、春季进行耙压保墒,早春进行耢耙整地,清除根茬和碎石及杂草,实现地平、土细碎、土壤墒情好的要求。

二、做畦育苗与大田直播

(一)做畦育苗

发展柴胡生产应注意以下两个问题:一是各地柴胡品种繁杂,选择"地道品种"十分重要;二是柴胡种子的寿命很短(当年新产的种子发芽率只有 43%～50%,常温下贮存种子寿命不超过 1 年),生产上不能使用隔年陈种。柴胡育苗是为了节省种子,便于集中管理,提高成活率;同时,北方地区第一年育苗,还可节省大量农田可种植其他作物。

1. 做床畦 因柴胡种子较小,为便于管理和有利于出苗,要制作床畦育苗。畦宽 1.2～1.5 米,畦长 30～40 米,畦埂要坚实,畦面平整,土细碎。对于易发生积水地块要制成高畦床,畦宽 1.2～1.5 米,畦面高出地表面 10～15 厘米,畦间设步道沟,宽 40～50 厘米,便于排水和苗圃管理。

2. 施肥 育苗田要施入充足的农家肥作基肥,坚持以农家肥为主,化肥为辅的施肥原则。一般结合制作育苗床畦施入,每 667 平方米施入优质农家肥 2 500～3 000 千克,磷酸二铵 10～12 千克,充分混合均匀后施入 20 厘米耕作层中。

3. 土壤处理 为防治地下害虫蝼蛄、蛴螬、地老虎等害虫,要配制毒饵、毒土等进行土壤处理。

4. 种子处理 柴胡种子出苗率低,据试验,用药剂处理种子,可以有效地提高种子出苗率:①用浓度 0.8%～1%高锰酸钾水溶液浸种 10 分钟,出苗率可提高 15.4%。②用 0.3%～0.5%植物生长调节剂处理种子,可提高出苗率 12.6%。③用超声波处理种子 3～5 分钟,可提高种子出苗率 14.7%。④在播种之前应用植物激素 6-苄基氨基嘌呤溶液浸种(浓度 0.5 毫克/千克),可提高种子的萌发率。具体选用哪种处理方法,根据条件而定。处理完种子后要进行快速发芽试验,以确定播种量。发芽试验可用保温瓶快速催芽法。取一只保温好的暖瓶,内盛 1/3 容量的 60℃左右的温水,取处理好的种子百粒左右,用新纱布包好,再用细线捆扎住,另一端拴好大头钉,扎于暖瓶软木塞上,将催芽种子包吊悬于暖瓶水面上,盖好软木塞(不要压塞太紧),经 18～20 小时即可观察种子萌发情况。种子发芽率低于 50%的要加大播种量。

5. 精细播种 平畦以条播为主,高床畦以撒播为宜。条播行距 10～12 厘米,于清明节前后进行,在做好的畦面上用双齿镐划小沟,沟深 3～5 厘米,将种子均匀撒播入沟内,覆土盖严,覆土厚度 2 厘米左右,然后人工踩或用小石磙镇压保墒,并加盖草苦保温保湿。高畦撒播时,在做好的畦面上,保持畦面土壤墒情和相对湿度的情况下,均匀撒播种子,每 667 平方米播种量 2.5～3 千克,播完种子后,使用竹筛或铁丝网筛,均匀地筛上一层湿润的细土覆盖畦面,覆土厚度达 2～3 厘米,然后架拱棚盖塑料薄膜,进行保湿、保温育苗。

(二)大田直播

1. 播种时间 当土壤表层温度稳定在 10℃以上,清明节过后的 4 月上中旬,土壤表层解冻达 10 厘米以上,即可开始播种。

2. 播种方法 人工开沟条播,行距 20～25 厘米,开沟深 3～5

厘米,将种子均匀撒播在沟内,每 667 平方米播种量 1.5～2 千克,播后覆土厚度 2 厘米左右,然后进行踩实或镇压保墒。

3. 抗旱保墒　柴胡播种至出苗前一段时间保持土壤墒情,满足种子发芽对水分的需要十分重要。

三、苗期管理

(一)育苗田管理

经常检查育苗棚内温度和湿度,温度控制在 20℃～25℃,如果高于 28℃要遮荫或通风。畦面发生干旱有裂隙时,要用喷壶进行喷水,1 次喷透喷匀。一般播种后 10 天左右畦面可萌发出针叶,逐渐进入苗期,要及时拔除畦面杂草。当畦田面见绿时要控制好湿度,用通风孔的大小来调节棚内温、湿度。苗生长至 3～5 厘米高时,对塑料棚采用昼敞夜覆方法进行炼苗,逐渐撤掉棚膜。当苗高 5～10 厘米时,每 667 平方米追施尿素 7～10 千克,追肥后浇 1 次透水。畦面要保持清洁,发现杂草要及时清除。苗田出苗过于拥挤,要进行疏苗,以每平方米留苗 180～200 株为宜。

(二)直播田管理

大面积生产田播种后,在自然条件下一般 10～15 天出苗,渐露针叶,逐渐进入苗期,其管理目标是苗全、苗齐、苗壮。主要采取以下措施。

1. 中耕除草　出苗后结合除草,用手刮锄进行中耕松土,为幼苗根系生长创造适宜条件。田间有草必除,严防草荒。

2. 间苗定苗　当幼苗长至 3～5 厘米高时进行疏苗,防止幼苗拥挤,疏苗后及时进行第二次中耕和除草。苗长至 5～7 厘米高时进行定苗。每平方米留苗 50 株左右。

3. 防治害虫　进行田间调查,一旦发生地下害虫(蝼蛄、蛴螬、金针虫、地老虎等)、苗期害虫(象甲、金龟子等),要及时进行防治,确保苗全、苗壮。

四、生长期管理

柴胡生长第一年植株细弱,生长缓慢,多以叶茎丛生,一般不抽薹开花。因此生长期管理以壮苗促根为管理中心。育苗田以壮苗为管理中心。

(一)中耕松土

柴胡属于根类中药材,人工栽培以获得高产量、高质量的柴胡根为目的。生长期适当增加中耕松土的次数,有利于改善柴胡根系生长环境,促根深扎,增加粗度,减少分枝。一般在生长期要进行 3～4 次中耕,特别是在干旱时和下雨过后,进行中耕十分有效。

(二)追肥浇水

生长期是柴胡需营养和水分的第一高峰期,为满足植株生长的需要,要在 6 月中旬追施 1 次肥料。每 667 平方米施以尿素 10～12 千克,追肥后浇 1 次透水。待水下渗后 2～3 天再次进行中耕松土,保持田面土壤疏松,通透性良好。

(三)除草防涝

生长期田间有杂草生长,杂草与柴胡争夺养分、水分和空间等,会影响柴胡植株生长,造成柴胡生长不良,为此见草就要及时拔除。同时夏季也是洪涝灾害多发期,因柴胡怕积水,遇涝要及时排除。

(四)摘蕾防虫

植株生长至 7～8 月份,田间出现个别植株抽薹现蕾现象,发现后及时摘除,减少营养不必要的消耗。同时,对田间发生的蚜虫、二十八星瓢虫,做好防治工作,可用 50%乐果乳油 800～1 000 倍液喷雾。

(五)培育健壮秧苗

对育苗田管理基本同生产田,要更加仔细些,严防徒长,以培育健壮秧苗为目的,促进幼苗根系深扎,以利于翌年春挖苗移栽。

五、越冬管理

柴胡植株生长至 9 月下旬,地上叶片开始枯萎黄化,进入越冬休眠状态,此时管理优劣也直接影响翌年春季返青。

(一)浇越冬水

北方气候条件多十年九旱,为了防止冬春风害失墒,保证翌年春季返青有足够的土壤水分,于封冻前浇 1 次越冬水,对柴胡根系发育和生长十分有利。育苗田同样浇 1 次封冻水越冬。

(二)严禁放牧

柴胡越冬休眠状态,一般地上干枯茎叶突出于地表面,会引起放牧人员的青睐,一定要加强管理,禁止放牧,以防各种牲畜的侵害和践踏。

(三)禁止放火

越冬柴胡地表茎叶一般不割除,深冬后人工用木制耙子轻搂即掉落,在此前,往往有人点火烧其茎叶,这样将影响到翌年春季返青。此法不可取,应禁止。

六、2年生药田管理

(一)返青期与育苗移栽

柴胡栽种的翌年春季,当气温达到12℃以上时,根茎芽鞘开始萌动,生长出新植株。冬、春季如果一直干旱无雪无雨,地表干硬,对返青的柴胡幼芽产生阻碍,此时可结合施入返青肥,浇1次返青水。返青肥每667平方米施入优质农家肥1 500～2 000千克,混入磷酸二铵5～7千克,地面均匀铺施。遇旱随即浇水。如果不遇干旱,土壤水分充足,就不必浇水。对地下害虫,搞好调查,做好预防工作。

早春移栽时,在对栽植田进行精细整地的基础上,于地表耕层土壤解冻(清明节)后进行移苗栽植,用犁开沟,行距20厘米,株距10～12厘米,顺垄斜放于垄沟内,覆土厚度3～5厘米。每667平方米施入农家肥1 500千克以上,磷酸二铵7～10千克,硫酸钾3～5千克。其他管理同样进行。

(二)旺盛生长期

柴胡植株返青后,逐渐进入旺盛生长期,地下根系继续深扎长粗,地上植株抽茎、开花,旺盛生长发育。

1. 中耕松土 返青后幼苗生长离开地面3～5厘米高时,用药锄进行中耕松土,打破地表板结,为根系输送氧气,促进生长。以后每隔7～10天再进行1次,连续中耕松土2～3次,以利于提高根的产量和质量。

2. 除草防荒 由于田间杂草生长,同柴胡植株争夺养分、水分、光照空间,影响植株生长发育。因此,田间见草就立即除净,严防草荒。

3. 追肥浇水　柴胡植株开花期,是全生育期第二个需养分、水分高峰期,田间土壤养分不足,将影响植株和根系生长发育。一般在柴胡现蕾期,每 667 平方米追施尿素 10～12 千克,追肥后浇水,满足柴胡植株开花生长发育需要。

4. 排水除涝　遇洪涝积水,易引起根部发病,因此要及时排水除涝。

5. 摘蕾促根　对于以生产中药材为主,不作留种田的地块,在柴胡花蕾期,进行 2～3 次摘除花蕾,减少植株营养消耗,有利于提高根的产量和质量。

(三)留种田管理

选留部分植株生长整齐一致,健壮的田块留种,不进行摘除花蕾,而要进行保花增粒;有条件者可放养蜜蜂辅助授粉,以提高种子产量。8～10 月份是柴胡种子的成熟季节。由于抽薹开花不一致,因此种子成熟时间不同。田间观察,种子表皮变褐,子实变硬时,可收获种子。要求成熟一穗,收获一穗,成熟一株,收获一株。因野生柴胡种子随熟随落,很难大量采到,所以人工栽培时要注意增大留种面积,以利于扩大种植。

七、病虫害防治

柴胡常见有根腐病,因高温多湿、田间积(渍)水而发。发病植株褪绿变黄,后干枯而死,拔出后可见根部腐烂。防治的办法除重施磷、钾肥外,还要搞好雨季排水,不可使田间积水,发病初期可用 50% 多菌灵可湿性粉剂 1 000 倍液或 70% 甲基硫菌灵可湿性粉剂 1 000 倍液灌株。柴胡的虫害以春季苗期的蚜虫多见,可用"扑虱蚜"等灭杀。

八、采收加工

柴胡春、秋均可采挖，以秋季采挖为宜。人工栽培2年生的植株（或第一年育苗，第二年移栽），秋季植株开始枯萎时，可用药叉采挖。采挖后剪去残茎和须根，抖去泥土，晒干备用或出售。2年生柴胡每667平方米可产药用根100～150千克，3年生可产药用根150～200千克。折干率为1∶2.5～3。

第九章　关防风规范化栽培技术

防风(*Saposhnikovia divaricata* Schischk)的根,是我国常用中药材,野生于草原、林缘、沙壤土和多石砾的向阳山坡,耐寒、耐干旱、怕雨涝和积水。适宜夏季凉爽、地势高燥的地方种植。低洼易涝地、盐碱地不宜种植。防风喜阳光充足、昼夜温差大的气候条件。防风为辛温解表类药物之一。性辛,温。味甘,入膀胱、肺、肝、脾经。功能发表散风,祛湿解痉。主治外感风寒或风湿所致的头痛、偏头痛、目眩、骨关节疼痛、风寒湿痹、关节疼痛、破伤风等。现代医学分析其化学成分:升麻素、亥茅酚苷、升麻素苷、5-0-甲基阿密茴醇苷、3′当归酰基亥茅酚和 5-0-甲基阿密茴醇等色原酮类化合物。防风在《神农本草经》中列为上品,《本草纲目》中释名曰:防者、御也,其功疗防风最要。

防风主要分布在中国北方诸省、自治区,商品防风以东北产的"关防风"最驰名,主产于黑龙江省安达、泰康、泰来、三肇,吉林省洮安,辽宁省铁岭,内蒙古自治区赤峰等地。以黑龙江省产的最佳,位于该省西部绿色草原牧场,是我国最大的防风栽培基地,年产量达 500 万吨。

一、主要特征特性

(一)形态特征

防风为多年生草本,株高 30～80 厘米。根粗壮而较长。营养期莲座状,基叶丛生,繁育期抽生长茎,茎单生,两歧分枝,有细棱。基生叶有长柄,基部鞘状,叶片质厚平滑,长卵形或长圆形,2～3

回羽状分裂,第一次裂片有小叶柄,第二次裂片在顶部无柄,在下部的有短柄;茎生叶较小,有较宽的叶鞘。复伞形花序。多数,顶生,形成聚伞状圆锥花序。无总苞片,小总苞数片;花小,萼齿三角形卵状;花瓣5,白色,具内折的小舌片,其先端钝,子房下位,2室,密被白色疣状突起,花柱2,基部圆锥形,果期伸长而不弯。双悬果椭圆形,背部稍扁,有疣状突起或无,成熟后裂开成二分果。花期7～8月份,果实期8～9月份。

(二)生物学特性

防风需要2年完成1个生长发育周期,均自然越冬。人工栽培防风,播种后的第一年只进行营养生长,似莲座形态,叶丛生,不抽薹开花,田间可自然越冬。经过冬、春季气候适宜时返青,植株生长迅速,并逐渐抽茎分枝,开花结实。赤峰地区花期7～8月份,果实期8～9月份。全生育期需要200天以上。

1. 生长发育特性 防风是多年生植物。但在开花结实后即会枯死,药用需采挖未开花结实的防风,其根坚实而味足,开花后的防风根中空而无味。因此,需在未开花时采收,此时的防风称"公防风";开花后的防风则称"母防风"。防风在春季4月份下种,当年只形成叶簇,不抽薹开花。多年生植株幼苗再生期一般在4月下旬开始返青出苗,5月上旬苗可出全,5～8月份为地上部分生长的旺盛期,7月下旬开始开花,8月中下旬为盛花期,花期可延长至9月中旬。果实期9～10月。防风在生长前期,以长茎叶为主,根生长缓慢;当植株营养生长旺盛,根的伸长生长加快,而8月份以后才以增粗为主。植株开花后根部木质化,中空,降低药材质量。因此,不收籽的防风应摘花蕾,使茎叶制造的养分转到根中贮藏,从而提高药材质量。叶片变化有一定的规律,1～2年生3片真叶,3～4年生4片真叶,5年生4～5片真叶,6年生6～7片真叶,7年生以后基本稳定在8片真叶。

防风根还有再生习性。在挖取防风根时,其残留在土壤中根的顶端,可继续再生1～4个新的植株,药农称其为"二窝子"防风,其生长速度比播种的植株快得多,生长周期将缩短1/3以上。因此,可利用这种再生习性做到1次播种,多次收获。

防风从生长阶段进入开花结实阶段,主要看单株营养状况,若株距大,营养状况好,生长健壮,植株会提前进入开花结实期,因此要在栽培时,合理密植和采取去叶措施,控制其开花结实。

2. 生态习性

(1)海拔与地形　防风一般生长在海拔1 000～1 800米高度。多生长于草原、丘陵、山坡之上。

(2)土壤　过于潮湿的土地,生长不良。土壤以疏松、肥沃、土层深厚、排水良好的沙壤土为优,黏土、涝洼、重盐碱地不宜栽种。

(3)温度　防风喜温暖、凉爽的气候,怕高温,夏季持续的高温容易引起植株枯萎。种子发芽需要较高的温度,在15℃～17℃时,如有足够的水分,10～15天出苗;如果温度在20℃～25℃,只需7～9天即可出苗。防风耐寒性亦较强,在黑龙江省也可以安全越冬。

(4)水分　防风有较强的耐旱能力,因此栽培防风以干燥的气候条件为好。防风怕涝,积水容易造成烂根。低洼、排水不畅的地块不宜种植。

(5)光照　防风喜阳光,在光照充足的环境下生长良好。反之,则植株生长缓慢。

3. 适应环境　野生防风多为种子繁殖。其根的生长发育与土壤的酸碱度、含水量及含盐量关系密切。

(1)沙丘地带　在榆树疏林中,土壤干燥,地面下80厘米均为风积细沙,土壤pH值6～7,无石灰反应。其中防风密度较小,一般为0.1株/米,防风根长,侧根较少,根皮为棕黄色或灰棕色,外皮断裂,风干后,外皮缩成不整齐纵纹,上部具细横纹,散生灰黄色横皮孔及疣状突起,质松而脆,易折断,断面不平,木质部淡黄色,皮部乳白色,有裂隙,射线呈放射状,习称"菊花心"。

(2)草原黑钙沙土地 防风主根发达,有时长可达1米。根皮部呈灰白色至黄白色,风干后呈暗灰色;多纵皱,散生灰白色皮孔和疣状突起,易折断;木质部淡黄白色,皮部黄色。

(3)草甸碱土地 防风根系浅,一般分布在25~40厘米深处,侧根明显增多。根皮浅灰白色,风干后表面可见碱质;外皮具纵皱纹,散生灰黑色横皮孔及疣状突起,易折断;木质部黄白色,皮孔乳白色,"菊花心"不明显,皮层松。

二、栽培技术

(一)选地与整地

防风为深根作物,应选地势高燥、向阳、排水良好、土层深厚的沙壤土。黏土种植主根短、分叉多,颜色发灰白,质量较差。整地时应施足基肥,每667平方米施圈肥3 000~4 000千克及过磷酸钙15~20千克。要深耕细耙,做宽1.4米的长畦或起60厘米垄耕播。

(二)繁殖方法

1. 种子繁殖 播种分春、夏、秋3期。播种面积少时可采用春播,播种时间在4月中下旬,播后扣地膜或覆盖树叶、杂草,土壤干旱时必须浇水。夏播,在6月下旬至7月上旬播种。秋播,在10月中旬播种,翌年出苗。播种方法,按25厘米行距开沟条播,沟深2厘米,将种子均匀撒入沟内,覆土1厘米厚压实,每667平方米播种量1.5~2千克。如遇干旱,应及时浇水,保持土壤湿润,以利于出苗。

（1）育苗 选土壤肥沃、排水方便，疏松的沙壤土，要求土层深度 35～40 厘米，结合深翻地。每 667 平方米施有机肥 3 000 千克，过磷酸钙 25～30 千克，整平耙细后，做 1.2～1.4 米宽畦，育苗采用撒播和条播，条播优于撒播，便于田间管理。条播采用行距 10～15 厘米，每 667 平方米播种量 5 千克左右。起苗 25 万～30 万株，可移栽 2 668～3 335 平方米（4～5 亩）。

（2）移栽 移栽时可在秋末初春幼苗进入休眠和越冬芽萌动前进行，要求边起边移栽。起苗时要深挖，保证根长 25～30 厘米为宜。严防损伤根皮或折断根。移栽时按行距 35～40 厘米开沟，沟深 25 厘米，将根斜放入沟内，株距 10 厘米，摆好后覆土，浇水。出苗后，进行除草，根据土壤墒情适宜时浅锄 1 次。

2. 分根繁殖 在防风收获及早春时，取粗 0.7 厘米的根条，截成 3～5 厘米小段做插条，按行、株距 30～40 厘米挖穴栽种，穴深 6～8 厘米，每穴栽 1 个根段，根的上端向上不能倒置。栽后覆土厚 3～5 厘米，每 667 平方米用根量 40～50 千克。

（三）田间管理

1. 间苗 苗高 5～6 厘米时，按株距 4～5 厘米间苗；苗高达 10～12 厘米时按株距 10 厘米定苗，缺苗时挖苗移栽。

2. 除草培土 6 月份以前除草 3～4 次，7 月份封垄以后，为防止倒伏，保持通风透光，可先摘除茎叶，培土培根，入冬后结合清理场地，再次培土，保护根部越冬。

3. 施肥 播种前施基肥多、质量好，植株生长旺盛，当年可不追肥。翌年早春，防风返青后每 667 平方米可追施磷酸二铵、复合肥适量。当植株进入生长旺季，根部生长加快、以增长增粗为主。所以，进入 8 月份应适当追施促进根部生长的磷、钾肥，以利于根部的生长发育。追施方法：可在行间开沟施入或在植株旁开穴施入，肥料与植株根部要离开一定距离以免烧苗。

播种或移栽后至出苗前需保持土壤湿润,促进出苗整齐。当苗高 16 厘米以上时,根深入地下,抗旱力增强,一般不需浇水。雨季应注意排水,以防积水烂根。

(四)病虫害及防治

1. 病害 白粉病是防风的主要病害,夏、秋季危害。危害初期叶片呈现白粉状斑,后期长黑点,严重时叶片早期脱落。防治方法:增施磷、钾肥,提高植株抗病能力,注意通风通光;发病时喷 0.2～0.3 波美度石硫合剂或 50％甲基硫菌灵可湿性粉剂 800～1 000 倍液防治。

2. 虫害

(1)黄翅茴香螟 花蕾开花期发生。幼虫在花蕾上结网,咬食花和果实。防治方法:在上午 10 时前或下午 15 时后喷 90％敌百虫可溶性粉剂 800 倍液或 80％敌敌畏乳油 1 000 倍液防治。

(2)黄凤蝶 5 月下旬为害、咬食叶、花蕾,严重时将叶片食光。

防治方法:发生时喷 90％敌百虫晶体 500 倍液,每隔 7 天防治 1 次,连续防 2～3 次,或用青虫菌粉剂 300 倍液防治。

(3)蚜虫 5 月中旬至 7 月份之前为害防风嫩叶、嫩株,使叶片卷曲皱缩,可使叶片枯黄。发病时用 40％乐果乳油 500 倍液,20％溴氰菊酯乳油 1 500～2 000 倍液防治。

三、采收加工技术

(一)采收与留种

1. 采收 防风采收期一般在翌年的冬季 10 月下旬至 11 月中旬或春季萌芽前。春季根插繁殖的防风在肥水充足、生长茂盛的条件下,当年也可采收;秋播的植株,一般于翌年冬季采收。如果条件不好,土壤沙石多、贫瘠或黏重潮湿等,则 3～4 年才可收获。一般根长 30 厘米以上,直径 1.5 厘米左右才能挖掘。防风收获太迟,根易木质化;太早,则降低产量。防风根部入土较深,根脆易折断。采收时须从畦一端开深沟,顺序挖掘。根挖出后,除净残留茎叶和泥土,运回加工。

2. 留种 选留植株生长健壮、整齐一致、没病虫害的 2 年生防风田块作为留种田,至 8～9 月份防风种子由绿色变成黄褐色,轻碰即成两半时采收。不能过早采收未成熟的种子,否则影响发芽率或不发芽,也可割回种株后放置阴凉处,后熟 1 周左右,再进行脱粒,晾干种子,放置阴凉处保存。

繁殖也可选留粗根,采挖时选直径 0.7 厘米以上的 2 年生根条作种根,翌年春季进行根段扦插繁殖,将防风无芦头根段截成 3～5 厘米的小段,开沟深 5 厘米左右进行斜栽,当年不抽薹开花,根不木质化,只是根的形态变化较大,主根圆柱形,生有多数较长的支根。隔年开花结籽。如用带芦头的根茎扦插,当年可开花结籽,生产上一般不采用芦头繁殖。

(二)加 工

1. 产地加工 挖出根后,去净残茎、泥土等杂质,晒至半干时去掉须毛,按粗细长短分级,晒至八九成干时捆成 1 千克的小捆,再晒或烤至全干即可。一般每 667 平方米产干货 250～350 千克,折干率 25%。

2. 炮制方法 ①先将防风根上的杂质除去,洗净,润透,切成 1.6 厘米的厚片,然后晒干或烘干。②取防风片,置锅内微炒,至呈淡黄色,取出放凉。本品饮片表面为灰黄色或灰棕色,切面中间有黄色圆心,外有棕色环,稍有香气,味微甘。

3. 商品规格 防风药材以条粗壮、皮细而紧,无毛头,断面有棕色环,中心色淡黄者为佳。根据国家中医药管理局制定的药材商品规格标准,防风商品分级为2等。

一等:干货,根呈圆柱形,表面有皱纹,顶端带有毛须,外皮黄褐色或灰黄色。质地较柔软,断面棕黄色或黄白色,中间浅黄色;根长 15 厘米以上,芦头下直径 0.6 厘米以上。味微甜。无杂质,无虫蛀,无霉变。

二等:干货,根偶有分枝,芦头下直径 0.4 厘米以上,其余同一等。

(三)贮 藏

防风若为压缩打包件,每件 20 千克;若麻袋包装,每件 30 千克左右。贮藏于通风、阴凉、干燥处。适宜温度 30℃以下,空气相对湿度 70%~75%。商品安全水分 11%~14%。防风为常用中药,一般可贮存 2~3 年。

第十章 甘草规范化栽培技术

甘草为豆科甘草属多年生草本植物,以根和根状茎入药,具有补脾、益气、润肺止咳、缓急止痛、缓和药性之功能,可以抑制身体发胖、抗艾滋病毒、类肾上腺皮质激素等,素有"十方九草"之称,用途十分广泛。甘草的主产区为内蒙古、新疆、宁夏、黑龙江、吉林、甘肃、青海等省、自治区。全国野生甘草蕴藏量为 150 万吨,近 5 年来国内年需求量 3 万吨以上(家种甘草所占比例不到 10%,主要分布在河北、山东、河南等地,年产量不过 3 000 吨)。长期的乱挖滥采,使野生资源受到严重破坏,部分地区的野生资源已濒临枯竭,如产于内蒙古的红皮甘草已难觅其踪。1999 年国务院发出《关于禁止采集和销售发菜、制止滥挖甘草麻黄草有关问题的通知》,通知着重强调了滥挖甘草、麻黄草对生态环境的破坏问题,要求相关省、自治区制定有力措施,封山育林,把保护甘草和防止土地沙漠化结合起来。随着这些省、自治区相关措施的落实,野生甘草的应市量将大幅度下降,市场缺口进一步扩大。

一、野生甘草资源及开发现状

甘草在我国的自然分布区域为北纬 34°～48°,东经 75°～126°的狭长地带,南北延绵 14 个纬度,东西横跨 51 个经度,横贯 13 个省、自治区、直辖市,主要分布在齐齐哈尔以南,沈阳、长春、哈尔滨一线以西的三北地区。甘草分布区横跨了温带地区的干旱、半干旱和半湿润地区,碳酸盐黑土型草甸土、栗钙土、棕钙土或灰钙土、淡碳酸盐褐土、黑钙土和荒漠化盐化草甸土都适于甘草生长,在深厚疏松无石砾的沙质壤上甘草生长尤为良好。

由于社会需求量不断增加,20 世纪 60 年代以来野生甘草资源的消耗量逐年增大。新疆维吾尔自治区商品甘草年收购量在 20 世纪 60 年代为 5 700 吨,20 世纪 70 年代 2.25 万吨,20 世纪 80 年代初又增加至 3.75 万吨。目前,甘草群落分布面积与新中国成立初期相比已减少了 50％以上。内蒙古鄂托克前旗,20 世纪 50 年代有以甘草为主的草原面积 53.3 万公顷,至 1981 年缩减为 11 万公顷。由于原料不足,内蒙古、甘肃等地的甘草浸膏厂绝大部分处于停产或半停产状态。

2001 年,国家经贸委下发"关于印发《甘草麻黄专营和许可证管理办法》的通知"(国经贸支行[2001]271 号)。该办法适用于从事甘草收购、加工和销售活动的企业。其中第五条规定,国家加强对甘草麻黄草的科学研究和技术开发,鼓励投资建设甘草麻黄围栏护育和人工种植基地。

我国甘草野生变家栽的研究工作开始于 20 世纪 60 年代,至 20 世纪 80 年代甘草人工栽培的主要技术关键已经基本解决。具有一定规模的生产性人工种植兴起于 20 世纪 90 年代初,目前正处于由野生资源向人工资源过渡的关键时期。目前,人工资源的产量远不能满足社会需求,种植面积较大的省、自治区主要有内蒙古、宁夏、甘肃和吉林,其次是山西、陕西、河北和辽宁。

二、甘草药用栽培种类与栽培品种

《药典》规定药用甘草包括乌拉尔甘草、光果甘草和胀果甘草 3 种。目前栽培甘草应用的种子均由野生种群采集,我国目前还没有人工培育的甘草种子园,更没有优良栽培品种。北京中医药大学已经收集到 100 多个乌拉尔甘草的野生变异类型,正在进行优良栽培类型的选育试验研究。其中,甘草酸含量最高的类型达到 6％(采用高效液相色谱法测定),最低的类型还不足 2％,达不到《药典》规定标准。

三、主要生物学特性

甘草是豆科甘草属多年生草本植物,根茎发达,入土深,宜旱作,耐盐碱,强阳性,喜旱,怕涝,生命力很强。栽培甘草应选择地下水位 1.50 米以下,排水条件良好,土层厚度大于 2 米,内无板结层,pH 值在 8 左右,灌溉便利的沙质土壤较好。翻地最好是秋翻,若来不及秋翻,春翻也可以,但必须保证土壤墒情,打碎坷垃、整平地面,否则会影响全苗壮苗。

(一)形态特征

甘草为多年生草本,高达 30～80 厘米,根茎多横走。主根甚长,粗壮,外皮红棕色。茎直立,有白色短毛和刺毛状腺体。奇数羽状复叶,小叶 7～17 枚,卵形或宽卵形,先端急尖或钝,基部圆,两面有短毛及腺体。蝶形花冠淡紫色。荚果扁平,呈镰刀状或环状弯曲,外面密生刺毛状腺体。花期 6～7 月份,果期 7～9 月份。

(二)生长发育特性

甘草原产地属大陆性干旱、半干旱的荒漠地带,特点是干旱,雨量少,光照强,温差大。甘草长期生长在该气候条件下,使其具有抗寒、耐热、耐旱、怕涝和喜光的特性,而且特别喜欢钙质土,张掖市各县(区)都有种植。甘草种子有硬实现象,硬实率在 70%～90%,经过 -5℃～20℃ 变温后发芽良好,一般在 50% 以上,种子寿命 1～2 年。种子直播的第四年可采挖,根茎繁殖的 2～3 年可采挖。

四、繁殖技术

生产上以种子繁殖为主,也可以根茎繁殖。

(一)种子繁殖

栽培品种可选择乌拉尔甘草、胀果甘草、光果甘草、粗毛甘草、刺果甘草和黄甘草 6 种,其中乌拉尔甘草最为适宜。甘草 6~7 月间开花结果,9 月份荚果成熟,人工收获后运回场院,晾干、过筛、分选、入库。生产用种纯度为 98% 以上,含水量 14% 以下,生活力为 85% 以上,千粒重约 13.3 克,种子处理后发芽率为 95% 以上。待贮藏的种子其水分应降至 14% 以下,用除虫菊酯处理后装入编织袋封好口,放在防潮、避光、通风良好的仓房内。播种前利用碾米机将种子按大小分成 2~3 级,分别碾磨,划破种皮或做种子包衣处理及微量元素处理。处理时必须保证损伤种子不得超过 2%,损耗不得超过 3%。种子处理后即可播种。播种前用 50℃~55℃温水浸泡 2~3 小时,用碎玻璃碴与种子等量混合研磨半小时,也可用浓硫酸(浓硫酸:水=1:1.5)浸种约 1 小时即可。

1. 育苗方法

(1)高畦密植育苗法　用推土机带动分土铲,修筑成畦。用人工搂平、浇透水,5 月 30 日,气温 26℃左右,施足基肥,重新拌匀搂平,点种之后,用镇压器压实,覆盖 1~1.5 厘米厚细沙土、搂平镇压,其作用是苗床温度高、采光好、通风好、生长快。

(2)平畦密植育苗法　用中耕机做畦,其种植方法同上。此方法较高畦密植育苗法次之。

(3)大垄直播育苗法　保证土层厚度 5 厘米以上。翻地、耙平、浇水,用播种机播种,同时深施肥。此方法不需要二次移栽,直接生长成商品甘草。

2. 苗期管理　甘草苗在未出土前应保证苗床土壤湿润,若干旱应及早喷水,以保证甘草苗正常生长。待甘草出苗后,长至3～4片真叶前必须保证土壤湿润,待4片叶以后,不遇到严重干旱,不能浇水,以保证甘草苗的质量,除草时不能用化学除草剂,以免影响种苗生长发育,且有农药残留,所以必须人工除草以保证无公害药材的生产。甘草长到6～8片真叶时,此时温度比较高,应特别注意防止病虫害的发生。甘草主要病害有锈病、根腐病、白粉病;虫害有斑蝥、叶甲、红蜘蛛、地老虎、小灰象等,其防治方法:虫害选用除虫菊酯类2 000倍液,喷雾即可,根腐病害防治用多菌灵等,喷洒或灌根。

3. 田间管理　待杂草发芽甘草苗未出前,先铲1遍,深度为2厘米,这样既增加地温又除杂草嫩芽。待种苗出土后长至6～8叶时,注意除草,不能用除草剂,只能用人工和机械除草。1个生长期铲耥2遍,以保证土壤疏松,地温高,生长快。如有特别干旱时,需浇1～2次水,浇水时必须浇透。在播种前(5月份)施用基肥,在雨季(7～8月份)适当追1次叶面肥。整地时修好排水沟,以利于排水。

(二)根茎繁殖

在春、秋季挖出根茎,截成5厘米左右的小段,每段应有芽1～2个,埋到地下,深度根据土壤温度决定,一般为20厘米左右。

(三)分株繁殖

在甘草老株旁能自行萌发出很多新株,在春季或秋季挖出栽植。

(四)种苗起收与贮藏

起收时,用拖拉机带起苗机,从苗畦下50厘米处平行割开,然后用人工选苗,分好等级。按等级假植。假植方法:在选好的地块挖一条宽、长各 3 米,深 40 厘米的沟,倾斜 80°角,把选好的苗立摆成单排,间隔 1 厘米,然后盖土 2~3 厘米厚,注意假植苗的温度及土壤含水量不宜过高,若过冬贮存,温度在 -15℃时,用土全部盖严。

五、栽培技术

(一)选 地

种植甘草应选择土壤肥沃、疏松、排水良好(地下水位在 1.5 米以下)、中碱性(pH 值在 7.5 以下)或微碱性的沙壤土、栗钙土种植。栽植地可以是平地也可以是 15°以下的坡地。甘草耐寒、耐高温、耐旱、耐瘠,喜强光,分布于大陆性气候带。在干旱、温差大,冬季严寒(冻土层深达 100 厘米以上),夏季酷热的空旷荒漠、半荒漠地带生长。在年平均气温 3℃~6℃,无霜期 120 天以上的适宜地区可大面积种植。甘草为豆科植物,故前作不应为豆科植物(如大豆),其他植物均可,以新开地或葵花茬为最佳。

(二)整 地

秋季用拖拉机带大犁深翻 25~30 厘米,用重耙耙碎,使其最大颗粒直径不得超过 2 厘米,比例不得大于 20%,垄宽 60 厘米,垄高 18 厘米,南北向打垄。

(三)移 栽

移栽可春、秋两季进行,以秋季为宜。在秋天整地后,破垄施肥,人工栽苗。栽苗的标准是:芦头间距 10~12 厘米。移栽时,苗木必须用消毒液(20%敌磺钠加微量元素)浇根处理,并避免种苗破伤。同时，必须肥、苗分离，合垄时不能压苗，垄要压实，不能透风。

(四)田间管理

1. 中耕除草　待种苗出土后长至 6～8 叶时，人工松土锄草，严防伤害种苗。甘草 1 个生长期还必须铲糊 2 遍，可用中耕机小铧中耕铲糊。

2. 其他管理　在 7～8 月份，将视生长量，适时追肥 1 次。

(五)病虫鼠害防治

1. 病害防治　甘草主要病害有锈病、根腐病、白粉病，根腐病防治用多菌灵，喷洒或灌根。白粉病、锈病防治可用 70%甲基硫菌灵可湿性粉剂 1 000 倍液喷洒，防治可用 20%三唑酮乳油 200～300 倍液。

2. 虫害防治　甘草的虫害主要有斑螯、叶甲、红蜘蛛、地老虎、小灰象等，其防治方法是选用除虫菊酯类 2 000 倍液，喷雾即可。

3. 鼠害防治　用"绿亨鼠克"高效灭鼠剂消灭鼠害，此药属生态、环保型灭鼠剂。

六、采收与加工

(一)采　收

采收分春、秋两季，但以春季采收为好。需在未发芽前采收。秋季采收应在 10 月 20 日以后。采收使用拖拉机带甘草起收机。每次采收两条垄，垄下起 50 厘米。然后用人工拣收，拉回场地，待加工。

(二)初 加 工

去掉泥土、切断芦头和侧根、须根、尾部,长度为 40～50 厘米,扎成小捆。将扎成捆的甘草风干,具体方法是选择无污染,通风良好,用垫木打底,摆成横、竖两行,中间要有空隙,高 1 米,必须备有遮布。需 2～4 个月干燥。时间长,费用低。

(三)包装及贮藏

用打包机垫上麻袋片,芦头朝外摆放整齐,用铁线打成四道腰,每包重量 50 千克。甘草贮藏库应注意通风、干燥、避光,最好有空调除湿设备。

第十一章　穿龙薯蓣规范化栽培技术

穿龙薯蓣(*Dioscoreanipponica* Makino)，为薯蓣科薯蓣属植物，俗称野山药、串地龙、地龙骨、穿山龙等，主产于东北及河北、内蒙古、山西等地。其常生于山腰的河谷两侧半阴半阳的山坡灌木丛中，稀疏杂木林内及林缘，而在山脊路旁及乱石覆盖的灌木丛中较少，喜肥沃、疏松、湿润、腐殖质较深厚的黄砾壤土和黑砾壤土，适应性强，耐严寒，耐旱性极强，适宜生长温度为 12℃～25℃。对于土壤要求不严，常分布在海拔 100～1 700 米，集中在 300～900 米。

此植物根茎含薯蓣皂苷元，是合成各种避孕药和甾体激素类药物的重要原料。东北地区穿龙薯蓣资源丰富，薯蓣皂素纯度高，含量为 2%～2.4%。

一、特征特性

(一)植物学特征

穿龙薯蓣为多年生草本缠绕植物，根状茎横走，呈圆柱形稍弯曲，坚硬。外皮黄褐色，常呈片状脱落，其上有许多须根。地上茎细长，一般可达 5 米左右，茎左旋，有纵沟纹，疏生细毛，后近于无毛。叶互生，有长柄，叶形多变化，呈卵形或宽卵形，长 5～12 厘米，通常 5～7 裂，基部心形，顶部裂片有长尖，叶脉 9 条，茎生多数细毛，支脉网状；花黄绿色，单性，雌雄异株，花序腋生，下垂；雄花序复穗状，雌花序穗状；雄花小，椭圆形，钝头，雄花具有雄蕊 6 个，着生于花被筒上，比花被短；雌花矩圆形，花被片 6 个，柱头呈 3

裂,每一裂片再呈 2 裂。蒴果倒卵状椭圆形,有 3 宽翅;种子棕褐色、扁平、椭圆形,上边有长方形的翅,基部及两侧的翅很窄,千粒重 9.55 克。

(二)生物学特性

1. 分布范围 野生穿地龙多生长在山坡林边,灌木丛中或沟边。分布于内蒙古、黑龙江、吉林、辽宁、河北、河南、山西、陕西、甘肃、四川、贵州、云南、湖南、湖北、山东、安徽、江苏、浙江、江西等省、自治区、直辖市,分布范围广,适应性强。

2. 穿龙薯蓣种子特性 穿龙薯蓣千粒重约 9.55 克,发芽率45%～58%,发芽温度为 20℃～30℃,土壤湿度为 17%～19%,25～28 天出苗。当温度低于 10℃或高于 30℃时发芽不良。若种子经低温层积处理(1℃～3℃处理 30 天)可提前 9～10 天发芽,且发芽率可提高至 88%～91%。此外,良好的光照对幼苗后期根茎的生长和薯蓣皂苷的形成亦有良好的作用。

3. 穿龙薯蓣开花特性 用种子繁殖的穿龙薯蓣翌年春天开花,花株率约 30%。无性繁殖者当年 5 月份开花,花株率 73%,2年以上者花株率 100%,且开花较早。一般从现蕾至开花需 10～23 天。

4. 穿龙薯蓣结果特性 穿龙薯蓣从开花至结果一般以经历85～95 天为最好,短于此时限制结果,果实成熟度差。

5. 穿龙薯蓣根的生长特性 ①穿龙薯蓣根系的生长活动期为 3～10 月份,约 200 天左右。8～9 月份生长最快,无性繁殖者当年增长率为 170.3%,有性繁殖者增长较缓慢。但薯蓣皂苷的含量与有性、无性繁殖无关,且不同年龄的根茎间差别不大。②穿龙薯蓣根主要集中于土壤上层,无性繁殖者 1～2 年根系垂直分布在 15～35 厘米。所以,要提高穿龙薯蓣根茎产量,必须根据其生长发育规律和在土壤中的分布状况,制定有效的施肥和耕作措施,确定合理的种植密度，才能获得较高产量。

6. 生长适宜的温度、水分、光照和肥力

（1）温度 穿龙薯蓣对不同温度的适应性较强，北京地区的生长温度为为 8℃～35℃，生长初期为 8℃～20℃，开花结果期需要 15℃～20℃，温度增高可提前开花并加速果实生长。在休眠期则需要较低温度，低温有利于根茎的休眠和翌年春的生长。

（2）水分 穿龙薯蓣生长期适宜的土壤含水量为 25%～45%，根系多分布在土壤耕作层，垂直分布不超过 40 厘米，且根系发达，故耐旱性较强，但在春旱地区，特别是当年无性繁殖的穿龙薯蓣，应适当浇水，这对根茎成活和生长有益。植物生长后期，浇水过多，土壤湿度过大，常引起根茎腐烂。

（3）光照 强光对穿龙薯蓣出苗及幼苗初期生长有不良影响，栽种后应以稻草和农作物秸秆遮盖为宜，否则常引起叶片干枯死亡。但对于后期幼苗及成年植株，良好的光照对薯蓣皂苷元的积累起良好的作用。因此，选择穿龙薯蓣栽培地区时，必须有良好的光照。

（4）肥力 穿龙薯蓣对土壤条件要求不严格，以中等肥力的沙壤土最好。该品种耐旱，故适宜山区坡地种植，且不与粮食争地。

二、繁殖技术

（一）有性繁殖

1. 种子采收与处理 宜采收 8 月份以前开花所形成的种子作为繁殖材料，此时种子成熟率高。成熟的种子为棕褐色、扁平、椭圆形，具膜翅，种子千粒重 9.62 克，发芽率 40%～50%。发芽温度为 20℃～30℃，有足够湿度（土壤含水量 16%～19.6%），25～28 天出苗，如温度低于 10℃或高于 30℃，则种子发芽受到抑制。试验证明,种子经低湿层积处理(1℃~3℃),处理 30~45 天,播种后可使种子发芽提早至 9~10 天,发芽率可达 80%~91%。

2. 播 种

(1)选地与整地 根茎主要分布于土壤土层,宜先取土壤疏松、肥沃的沙壤土种植。每 667 平方米施基肥 3 000~4 000 千克,深耕 30 厘米,耙细整平,做宽 1.2~1.5 米的畦。适合干旱少雨的山区坡地种植,也可以大田种植,积水洼地不可种植。

(2)播种时期 以秋季播最好,出苗率高;其次为春播 4 月上旬。

(3)播种 采用床播,将种子均匀地播于床面上,覆土 1.5~2 厘米后稍加镇压,覆草、浇水,保持土壤湿润,春播 25 天左右可出苗。

(二)无性繁殖

1. 育苗地的准备 穿龙薯蓣对土壤条件要求不严格。以中等肥力的沙壤土最好,土壤酸碱度以弱碱至弱酸性为宜。土壤肥沃、土质疏松、排水良好壤土上生长更好。一般深耕 30 厘米左右。耕翻后整平耙细。对比较贫瘠的土地,可以通过施用有机肥来改善土壤的肥力和理化性状。有机肥如堆肥、厩肥、草炭等,必须经过充分腐熟后施用,以减少病虫害的发生。每 667 平方米可施用 10~20 立方米腐熟的有机肥。

2. 无性繁殖方法 春季幼苗萌芽前,将苗根茎挖出,将幼嫩根茎按行、株距 40 厘米×30 厘米或 45 厘米×30 厘米,开沟 10 厘米深,然后将根茎摆放穴内,覆土压实,浇水,15 天左右出苗,根茎繁殖不用做畦,深耕 30 厘米,耙细整平即可。

三、栽培技术

(一)选地与整地

1. 选地　选择土质疏松肥沃,弱酸至弱碱性,排水条件好的地块。选地时要按中药材生产质量管理规范要求,远离交通要道200米以外,有防护林为佳。土壤经检测,高残毒农药及重金属含量不超标方可作为栽培用地。

2. 整地　秋季深翻地30～40厘米,打破犁底层,冻死地下害虫及越冬虫卵、病原菌等。翌年春季,将地耙平,起60厘米大垄或做成宽1～1.2米的苗床。结合整地对较贫瘠的地块,要施用充分腐熟的有机肥(如堆肥、厩肥、饼肥等),以改善土壤结构。播前用50%多菌灵可湿粉剂拌2～5倍细土,按15克/米^{2}的用量撒于床面,混于10厘米深的土层中,以防止或减少根腐病的发生。

(二)苗木定植

通过有性繁殖和无性繁殖方法培育的1年生种苗,在秋季枯萎后或翌年春季可按行、株距40厘米×30厘米或50厘米×30厘米定植。开沟10厘米深。每667平方米栽植5 000～6 000株。

(三)田间管理

1. 种植玉米　穿龙薯蓣为缠绕藤本,可种植玉米为攀缘物。据资料记载,检测不同郁闭条件下生长的穿龙薯蓣皂素含量有较大差异,因此玉米品种应选择矮棵早熟品种,于苗床中间种植。

2. 插立支架　当小苗长20～30厘米时要用竹竿或树枝搭架,架高1.8～2米,让茎蔓缠绕架上生长,为减少影响光照可适当剪去过密和过长的茎蔓。

3. 中耕除草 苗出齐后及时进行田间除草,目前应采用人工除草。

4. 肥水管理 整个生育期内不用追施肥料,待秋季收获玉米后,在苗床上盖5厘米左右厚的农家肥。经冬季的雪水渗透,为土壤增加有机质。

5. 病虫害防治 穿龙薯蓣自身含有许多抑制病菌的物质,所以一般不会发生病害。

虫害主要有四纹丽金龟,其发生和为害特点是:成虫发生时期集中,并且大量群集取食、交尾。

防治方法:防治成虫用50%辛硫磷乳油,以0.025%或0.03%浓度喷洒,毒杀效果可达100%;防治幼虫用1%辛硫磷颗粒剂,每公顷30千克。

四、采收加工

穿龙薯蓣是一种多年生草质藤本植物,一般在栽种后生长3年收获。每667平方米产鲜品5 000千克左右,折成干品2 500千克左右。秋季茎叶枯萎后(9月中旬)即可采收。

因根状茎一般横长在10厘米左右的土层内,只要把根状茎刨出,把土抖落即可出售。若当地无加工企业收购鲜品,要进行晾晒,晾晒场地要远离公路及有毒气体与污染物排放的地方。作为出口时,要燎去根茎表皮和须根,切成5厘米左右长的小段。干燥后包装出售,也可晒干后进行出售。

第十二章 刺五加规范化栽培技术

刺五加的根、茎、叶均可入药。其根、茎含有木脂素苷类、鹅掌楸苷、刺五加苷（A、B、B_1、D、E、F、G）三类皂苷，还含有黄酮类化合物、芝麻素和多糖等。其叶和花中均含有刺五加苷、黄酮类化合物，果实含水溶性多糖，全株均含挥发油。由于其药材作用广泛，有效成分含量高、药效显著，历来成为中国医药珍品，它和人参一样被《神农本草经》列为上品，《名医别录》亦记载刺五加有补中、益精、坚筋骨、强意志之功能。李时珍在《本草纲目》中赞誉刺五加祛风湿、壮筋骨、顺气化痰、添精补髓，久服延年益寿，他还引用古人"宁得五加一把，不用金玉满车"的话，对刺五加的医疗价值给予高度的评价。刺五加具有与人参相似的作用，调节机体内外环境的平衡，增强机体对非特异性刺激的抵抗力，具有扶正固本作用。可调节免疫、内分泌、血液循环、神经、心血管系统等方面的功能，对神经衰弱、脑栓塞、心脏病有较好的疗效，特别是对白细胞减少症和糖尿病有更显著的疗效。

刺五加可药食两用，为强壮食品，食用价值高。刺五加的幼芽和嫩芽都可作蔬菜食用，是高档的山野菜，富含胡萝卜素、各种维生素。每100克内含胡萝卜素5.4毫克、维生素B 20.52毫克、维生素C 121毫克。可拌凉菜或炒、炖，做汤等，也可盐渍制成咸菜，脆嫩鲜美、清爽可口、风味独特。刺五加做芽菜，在芽体生长膨大并开始抽出嫩梢时采摘上市。春至夏初均可采收。

另外，刺五加的叶和果可制成叶茶和果茶，刺五加的根皮、茎皮、果皮可制成保健酒，还可制成冲剂。

由于刺五加的药效和保健作用显著，其产品销量日趋增加，不但畅销国内，还远销日本、韩国及欧洲、北美洲等国家和地区。国内很多大型医药公司以刺五加为主要原料,开发了许多新药。目前以刺五加为主要成分的中西药多达 3 000 余种。外贸出口及港澳台市场的订单将有一定幅度的增长。除根、茎需求量增大外,初春所产的嫩芽销量日趋增加,价格也大幅度上升。今后刺五加的产业将具有广阔的发展前景。

一、资源分布与生态环境

(一)资源分布

全世界约有五加科五加属植物 53 种,我国有 26 种 18 个变种,占世界首位。刺五加 *Acantho panax senticosus* (Rupr. et Maxim.)Harms 为五加科五加属落叶灌木。别称刺拐棒、老虎獠子等。主要分布在朝鲜北部,俄罗斯远东沿海山区、萨哈林岛,日本北海道等地。国内刺五加主要分布于吉林、黑龙江、辽宁,此外在内蒙古、河北,山西、湖南、四川、陕西、宁夏等省、自治区亦有分布。

主产于吉林省的桦甸、吉林、舒兰、蛟河、永吉、通化、长白、汪清、抚松、敦化、安图、和龙;黑龙江的伊春、铁力、通河、延寿、五长、尚志、林口、宁安、木兰、虎林、宝清、阿城、北安、穆陵、伊兰;辽宁的新宾、清源、桓仁、本溪等;内蒙古的赤峰、阿鲁科沁、宁城;河北的围场、平泉、兴隆、隆化;山西的霍县、中阳、兴县;湖南的桂东、道县;四川的马尔康;重庆市的武隆、万县等地。

(二)生态环境

刺五加通常生长在海拔 300~1 600 米的山地,常见于针阔混交林、红松林、杂木林下、林缘或灌木丛中。有一定的荫蔽环境条件。荫蔽度、裸露度过大的山林及宽阔草地很少有分布。

除此之外,在被砍光树木的荒山上也可以有较茂盛的刺五加植丛,其伴生种以毛榛子、龙芽楤木(俗称刺老芽)等为主。

二、主要生物学特性

(一)刺五加的形态特征

1. 根

(1)根系类型

①实生根系　实生根系由种子的胚根发育而成。种子萌发时,胚根迅速生长并深入土层中而成为主轴根。数天后在根茎附近形成一级侧根,最后形成密集的侧根群和强大的根系,由于侧根非常发达,所以主根不很明显。

②不定根系　是指刺五加通过扦插、压条繁殖所获得的苗木的根系,以及地下横走茎发出的根系。因为这类根系是由茎上产生的不定根形成的,所以也称茎源根系或营养苗根系。这种苗的根系是由根干和各级侧根、幼根组成的,没有主根。

(2)根系特征及分布　刺五加的根呈圆柱形,多扭曲,根表面为灰褐色,有细纹沟及皱纹,断面黄白色,导管壁较薄,木纤维发达。根系具有固定植株、吸收水分与矿物营养、贮藏营养物质和合成多种氨基酸、植物激素的功能。

刺五加的根系在土壤中的分布状况因气候、土壤、地下水位、栽培管理方法和树龄等的不同而发生变化。根系垂直分布的深度在地表以下5～50厘米深的土层内,集中在5～40厘米,水平分布集中在距根茎50厘米的范围内,其根系具有较强的趋肥性,施肥集中的部位分布着大量的根系,增加施肥的深度和广度可诱导根系向深度和广度扩展,促进营养生长,增强抗旱能力。

刺五加地下茎的生长走向特点为横向生长,所以不定根的垂直分布深度较浅,主要集中在地表以下 5～15 厘米。

2. 茎和叶

(1)茎　刺五加的茎是由种子的胚芽(实生苗)、枝条上的芽(扦插苗、压条苗)、地下横走茎的芽生长发育而成的,从形态上可分为骨干枝、侧枝、结果母枝和新梢,新梢又可分为结果枝和营养枝。

骨干枝是由苗木地上部分的一级枝条所组成(包括苗木的中心干生长点、地下茎、基生芽所抽生的枝条)。侧枝是骨干枝的分枝。结果母枝着生于侧枝上,为上 1 年成熟的新梢。带叶的当年生枝条称为新梢,由越冬的芽萌发而形成。带有花序的新梢称为结果枝,不具花序的新梢称为营养枝。

刺五加地下茎的分布方式应属于随机线形分布,地下茎的走向与地下茎最初芽产生的方向有关,但根茎在游走的过程中会遇到各种障碍,迫使根茎在生长过程中改变方向,沿着适合的方向伸展。

刺五加茎的特征:1～2 年生茎灰黄色,刺密生,刺直而细长,向下。3 年生以上的茎表面呈暗灰棕色,微有纵纹沟,刺疏生,刺亦变成暗灰黄色或灰色。

刺五加的根茎表面有节,先端有顶芽,节上有潜伏芽,而节上潜伏芽通常呈疣状突起。

(2)叶　刺五加叶片是进行光合作用、制造营养的主要器官,具有耐阴喜光的特性。其叶为掌状复叶,小叶片 3～5 枚,多数 5 枚,叶柄长 3～10 厘米,具疏细刺。小叶柄长 1.5～2.5 厘米,椭圆状倒卵形或长圆形,中间的叶片较大,叶长 5～13 厘米、宽 3～7 厘米,先端渐尖,基部阔楔形,边缘有锐刺重锯齿,上表面粗糙,深绿色,脉上有粗毛;下表面淡绿色,脉上有短绒毛。

(3)花　刺五加的花序,为伞形花序,单个或 2～6 个顶生干枝的顶部。花梗细长,1～2 厘米;花白黄色,花萼与子房合生,5 齿裂;花瓣5,卵形,雄蕊5,比花瓣长,花药大,花柱全部合生成柱状。花有两种类型,即雌花和雄花,雌花的雄蕊发育不健全,花丝短,后期向下反卷,自花授粉不能结实,只在授以雄花花粉时才能结果。雄花的花丝长,明显高于柱头,开花时花药开裂散出花粉。花粉具发芽沟,具有发芽和授精能力。雄花的雌蕊中后期退化,不能结实。

（4）果实 刺五加果实为核果浆果状,果实近球形,紫黑色,干后具明显5棱,先端具宿存花柱,长1.5～1.8厘米。种子4～5个,薄而扁,呈新月形,表面棕色,基部有一小尖突状种柄。种皮薄,贴生于种仁。胚乳丰硕,胚细小,埋生于种仁基部。饱满种子千粒重16.7克。

（二）生物学特性

1. 物候期 刺五加和其他多年生植物一样,每年都有与外界环境条件相适应的形态和生理变化,并呈现一定的生长发育规律性,这就是年发育周期。这种与季节性气候变化相应的器官动态时期称为生物气候学时期,简称物候期。多年生植物的物候期具有顺序性和重演性。

刺五加的年周期可划分为两个重要时期即生长期和休眠期。生长期是指从树液流动开始,到秋季自然落叶时为止。休眠期是从落叶开始至翌年树液流动前为止。

（1）树液流动期（伤流期） 春季当地温达到一定程度,刺五加的根系开始吸收土壤中的水分和养分,树液由根系送到地上部分,植株特征是从剪口和伤口处分泌无色透明液,所以也称伤流期。萌芽展叶后,植株蒸腾拔水能力加强后,伤流即停止。

伤流出现的早晚与当地的气候有关,当地表以下10厘米深地温达到5℃以上时,便开始出现伤流。在吉林地区,刺五加的伤流期出现于4月上旬,一般可持续10～20天。

(2)萌芽期　芽开始膨大、鳞片松动、颜色变淡,芽先端幼叶露出为止。在吉林地区,刺五加的萌芽开始期在4月中下旬。

(3)展叶期　幼叶露出后,开始展开,当5%芽开始展叶,为展叶始期,刺五加的展叶始期为4月下旬或5月初。

(4)新梢生长期　从新梢开始生长至新梢停止生长为止。刺五加的新梢生长是从5月上旬开始,至9月中旬停止生长。

(5)开花期　从花蕾开放至开花终了为开花期。在吉林地区,刺五加的主花序开花期在7月上旬,至末花期长8天左右,而副花序开花较晚,比主花序晚15天左右,所以花期较长。

(6)果实生长和成熟期　由开花末期至果实成熟之前为果实生长期。从果实成熟始期到完全成熟时为果实成熟期。在吉林地区,主穗果实完全成熟在9月中下旬,所有果实完全成熟在9月下旬至10月上旬。

(7)新梢成熟和落叶期　从果实成熟前后到落叶时为止为新梢成熟和落叶期。9月上旬新梢停止延长生长开始进入成熟阶段,9月底至10月初,刺五加叶片逐渐老化,叶柄基部逐渐形成离层,叶片自然脱落,由此进入休眠期,直至翌年春季伤流开始,又进入了新的生长发育周期。

2. 刺五加植株生长动态

(1)根系生长　一般情况下,当地温达到5℃左右时根系开始活动吸收水分和养分;地温达到11℃~15℃时根系开始生长,大部分开始产生新的吸收根。最适宜根系生长的温度为20℃~25℃,当地温降至15℃时根系生长近乎停止。

在整个生长季中,根系有两个生长高峰。第一次随着开花、幼果迅速膨大而逐渐旺盛,随着生殖生长中心的转移,新根生长率下降,到果实成熟时达到最低。9月中旬根系开始第二次生长,一直持续到落叶休眠前,吸收并贮存大量养分,供翌年植株早期生长发育之用。

(2)新梢生长动态　刺五加新梢生长在生育期内变化较大,在吉林省吉林地区,5月初新梢开始缓慢生长,5月中下旬至6月下旬生长旺盛,日增长量平均0.55厘米左右,而从6月下旬开始至7月中下旬生长量极小,部分新梢第一次生长停止,这时期正是开花期和果实生长期,从8月份开始部分新梢又开始生长,但生长也比较缓慢,至9月上旬新梢生长停止。茎粗则随着新梢延长生长而增粗,5月上旬开始生长至6月下旬开花前生长量较大,平均日增长量为0.01厘米左右,而在6月22日以后至9月中旬茎粗生长缓慢。

(3)刺五加种子特性　刺五加种子属于胚后熟类型,当种子成熟脱离母体时,胚尚未完全发育成熟,处于刚分化的心形胚时期。胚位于种子一角(珠孔端),体积很小,约占整个种子长度1/20。种子在层积处理后熟过程中,需要通过变温处理即先高温使胚分化完成,后低温促使胚体增大和诱导生理后熟,完成这个过程种子才能萌芽。刺五加种子成熟一致性较差,发育不整齐,前期高温处理60天后部分种子开始发育,至210天,胚长达到胚乳长度90%的约占40%左右,还有30%的种子没有发育到该程度,至270天种胚接近胚乳长的能达到95%以上。所以充分的完成胚的发育需要240~270天,打破休眠的时间约60天,后熟时间较长。

刺五加种子不但成熟一致性差,而且结实质量也比较差。按每果中含5粒种子计算,平均每个果实中仅含有1.5粒成熟种子,成熟种子仅达到30%左右。刺五加种子质量差、后熟时间长是其有性生殖过程的一个薄弱环节。

三、苗木繁育

刺五加的繁殖方法可分为两大类,即有性繁殖和无性繁殖。

(一)实生育苗

1. 种子处理 9月中旬至9月末采摘成熟变黑的刺五加果实,将新采收的果实揉搓、水洗,搓去果皮和果肉,使种子外表洁净,同时要去除未成熟的种子,阴干至10月下旬土壤结冻前。然后用清水浸泡种子24小时,然后按1∶3的比例将湿种子和洁净的细河沙混合在一起,沙子湿度为沙子用手握紧成团而不滴水的程度(绝对含水量为40%~50%),再装入木箱、花盆或袋子中,然后放入室外事先挖好的贮藏沟中,上面盖上土,高出地面10厘米,防止雨水、雪水流入沟中,翌年5月上旬取出放入木槽或地槽中,槽的深度根据种子量的多少决定,槽底先铺放10厘米厚的沙子,然后将混合好的种子平铺上面,厚度不要超过20厘米。上面盖一层隔网,上层再覆盖10厘米厚的沙子,沙子上面再盖上一层隔网后铺上10厘米厚的土,高度与地面一致。每隔15天翻动1次种子,以免出现种子霉烂现象,同时要掌控好湿度。至10月下旬将种子取出放入室外的贮藏沟中沙藏,种子上部覆盖厚50厘米左右的土。翌年4月中下旬将种子从贮藏沟中取出放在13℃~15℃的条件下催芽,大部分种皮裂开或种胚露出之后进行播种。

2. 露地直播育苗 为了培育优良的刺五加苗木,苗圃地最好选择在地势平坦、水源方便、排水好、疏松、肥沃的沙壤土,或含腐殖质较多的森林壤土。苗圃地应在前1年土壤结冻前进行翻耕,耙细,翻耕深度25~30厘米,结合秋施肥施基肥,每667平方米施农家肥2500千克左右。

露地直播时间为4月下旬至5月上旬,播种前可根据不同的土壤条件做床,低洼易涝,雨水多的地块可做成高床,床高25厘米,长10米,宽1.2米;高燥干旱、雨水较少的地块可做成低床。不论哪种方式都要有15厘米以上的疏松土壤。耙细床土清除杂质,搂平床面即可播种。播种采用条播法,即在畦面上按15~20

厘米行距,开深 2～3 厘米浅沟,每畦播种量 200 克左右,覆 1.5～
2 厘米厚的细土,在畦面上覆盖一层稻草或加盖草苫、松针等,以
保持土壤湿度,覆盖厚度以 1 厘米左右为宜。为防止其他土壤传
染病害,在播种覆土后结合浇水喷施 1 次 50%代森锰锌乳剂 800
倍液,当出苗率达到 50%左右时,撤掉覆盖物,搭设简易荫棚,当
幼苗长至 5 厘米左右时撤掉。苗期要适时除草松土、浇水追肥。
当幼苗长出 3～4 片真叶时进行间苗,株距保持在 3 厘米左右为
宜。苗期追肥 2 次,第一次在拆除荫棚时进行,每个苗床喷施 1 次
0.3%～0.5%尿素,生长后期在行间可沟施,每个苗床施三元复合
肥各 350～400 克。为了提高苗木的成活率,土壤水分要充足,使
土壤保持湿润状态。

　　刺五加苗在苗圃生长 1 年或 2 年即可进行移栽,由于 2 年生
苗木根系发达,生长健壮,移栽成活率高,以 2 年生苗木移栽为宜。
起苗时间为秋季落叶后或翌年萌芽前。刺五加实生苗分为 2 级,
一级苗根茎直径 0.4 厘米以上,根长 8 厘米以上,茎长 7 厘米以
上;二级苗根茎直径 0.35～0.4 厘米,根长 5.5～8 厘米,茎长 4～
7 厘米。根茎直径 0.35 厘米以下,根长 5.5 厘米以下,茎长 4 厘
米以下为等外苗,不宜作种苗移栽。每 50 株捆成 1 捆,向需求者
提供一至二级苗,等外苗回圃复壮。暂时不能运出的要进行假植。

　　3. 保护地育苗　当成品苗短缺或优良类型种源较少的情况
下,可采取保护地(塑料大棚、温室)提前播种培育营养钵苗,保护
地育苗可达到当年育苗当年建园的目的,而且栽植成活率高。

　　播种及播后管理:在吉林省吉林地区 4 月初开始播种,利用营
养钵育苗,采用规格为 6 厘米×6 厘米、7 厘米×7 厘米的塑料营
养钵。营养土的配方为:农家肥(腐熟)∶细河沙∶腐殖土,比例为
5∶25∶75,并按 0.3%的比例加入磷酸二铵(研成粉末)。播种前
给营养钵内的营养土浇透水,每个营养钵内播种 3～4 粒,覆土
1.5～2 厘米厚。播种后结合浇水,喷施 50%代森铵水剂 800～

1000倍液。

播种后要保持适宜的湿度,一般每隔2～3天浇水1次,小苗出齐后当温度在28℃以上时要通风降温。6月中下旬可将营养钵苗带土坨移入栽培园定植。直播育苗的苗木可秋季起苗待移栽。

(二)无性繁殖育苗方法

1. 绿枝扦插育苗

(1)扦插时间 6月上旬,新梢达到半木质化时进行。

(2)扦插方法 在生长季节选择充实的半木质化的新梢作插条,插条长度为15～18厘米,插条下端剪成45°角,上切口在芽眼上部1.5厘米处剪断,剪口要平滑,插条只留1～2个掌状复叶或将叶片剪去1/2。为促进生根,插前用1000～2000毫克/升的萘乙酸溶液浸泡1.5分钟后再斜插入行、株距为10厘米×4厘米的苗床中,入土的深度以插条上部的芽眼距地面的土壤1.5厘米左右为宜。生根基质为河沙或细炉灰,厚度为20厘米左右,在生根基质下面铺20厘米厚的壤土或腐殖土作为扦插苗生长的土壤。

(3)扦插的环境条件 刺五加硬枝扦插生根率极低,繁苗速度慢,而露地的绿枝扦插当年不易成熟,如果采取利用保护地提早扦插,延长生长期育苗的方法,可达到当年育苗当年出圃的目的。

在温室或塑料大棚中扦插,白天最高温度不超过28℃,夜间最低温度不低于17℃,温室或塑料大棚棚顶铺设50%透光率的遮阳网。

(4)苗期管理 扦插后要保持插床湿润,特别注意插条生根前叶面要保持湿润。当根系生根后水量逐渐减少,土壤保持湿润即可,生长期内结合浇水喷施2～3次0.5%的尿素溶液。

起苗在11月上旬进行。扦插苗根系数量35条以上,枝长6厘米为一级苗;根系数量20～35条,枝长2～6厘米为二级苗;其余的为等外苗,不宜作种苗移栽。每50株捆成1捆,向需求者提供一至二级苗,等外苗翌年回圃复壮。

2. 分株繁殖　在栽培园中 3 年生以上的刺五加可产生大量发达的横走茎,多分布在地面下 10～20 厘米的土层内,向四周延伸,顶端形成越冬芽,所有植株周围都可以萌发一些幼株,可于早春或晚秋将这些幼株起出,挖穴定植。为了使根系发达、须根量增多应在夏季对根蘖株进行断根处理,促使发根和生长。

3. 压条繁殖　压条繁殖是最简单的繁殖方法之一,它的特点是利用一部分不脱离母株的枝条压入地下,使枝条生根繁殖出新的个体。其优点是苗木生长期养分充足,容易成活,生长壮,生长一致,进入结果期早。

压条繁殖多在春季萌芽后,新梢长至 10 厘米左右时进行。压条时,要选取母株新梢较多的枝蔓,首先清除准备压条的母株周围的杂草,在母株旁挖 15～20 厘米深的沟,最好施入适量的肥料,将 1 年生成熟枝条用木杈固定压于沟中,先填入 5 厘米左右的土,使新梢垂直向上,当新梢长至 20 厘米以上时,再培土与地面平,秋季将压下的枝条挖出剪离母体成一独立新株。

(三)苗木贮藏与运输

1. 起苗的时期和方法　苗木出圃是育苗的最后 1 个环节,为保证苗木定植后生长良好,早期结果、丰产,必须做好出圃前的准备工作。首先制定挖苗技术要求、分级标准,并准备好临时假植和越冬贮藏的场所。在 10 月中旬,当苗木停止生长、充分落叶后即可起苗,在土壤结冻前完成起苗出圃工作。起苗时要尽量减少对植株,特别是根系的损伤,保证苗木根系完好,苗木起出后将枝条不成熟的部分和根系受伤部分剪除。每 20 株捆成 1 捆,拴上标签,注明品种和类型。为防止在露天放置时间过长,苗木风干,可在田间挖一个临时假植沟,随时假植。当土壤要结冻时进行长期假植和贮藏。

2. 苗木的假植与贮藏

（1）苗木的假植　　凡起苗后或栽植前较短时间对苗木的临时贮放称为假植。假植要选背风庇阴处挖假植沟，一般为25厘米左右深，将苗木放入沟中，把挖出的土埋到苗木顶部以上。适当抖动地上部，使湿土填充苗根部空隙然后踏实，达到苗木根、干与土密接不透风的目的。

（2）苗木的贮藏　　为了更好地保证苗木安全越冬，延迟苗木翌年春发芽的时间和延长栽植季节，可采用沟藏或窖藏的方法进行贮藏。贮藏沟及窖的地点也应选择地势高燥、背风向阳的地方。

①沟藏　　土壤结冻前，在选好的地点挖沟，沟宽1.2米、深0.6～0.7米，沟长随苗木数量而定。贮藏苗木必须在沟内地温降至2℃左右时进行，时间一般为11月中下旬至12月上旬。贮藏苗木时先在沟底铺一层10厘米厚的清洁湿河沙，把捆好的苗木在沟内横向摆放，摆放一行后用湿河沙将苗木根系培好，再摆下一行，依次类推。苗木摆放完后，用湿沙将苗木枝蔓培严，与地面持平，最后回土成拱形，以防雨水、雪水流入贮藏沟内。

②窖藏　　当土壤要结冻时，进行贮藏。贮藏时先在窖内铺一层10厘米厚的洁净湿河沙，将捆好的苗木成行摆放，摆完一行后用湿河沙把根系及下部苗干培好，再摆下一行，依次类推。

在贮藏期间，要经常检查窖内温、湿度，窖内温度一般应保持在0℃～2℃，空气相对湿度以85％～90％为宜。温度过高、湿度过大会使贮藏苗木发霉，湿度过小会因失水使苗木干枯。此外，还要注意防止窖内鼠害。

（3）苗木的运输　　苗木在运输前应妥善进行包装，以免风干或受损伤。包装时，苗木基部及根系之间要填塞湿锯末等物，防止干枯。

运输时期以秋季起苗后（10月中旬至11月上旬）或翌年栽植前（4月上旬）为好，不宜在严冬季节运输。

四、栽培园的建立

(一)园地的选择

刺五加为多年生灌木,建园投资较大,经营年限较长,因此选地、建园工作非常重要。对刺五加园地的选择必须严格遵守自然法则,讲求刺五加生育规律和经济效果,同时又要符合我国中药材生产质量管理规范的指导性原则。以生产优质的药材、更好地满足国内外中药材市场需求为目的。若园地选择得当,对植株的生长发育、丰产、稳产、减少污染以及便利运输等都有好处。如果园地选择不当,将会造成不可挽回的损失。因此,建立高标准的刺五加园,首先要选择好的园址。选择适宜栽培刺五加的园地,要从地理位置及环境条件来考虑,大体包括以下几个方面。

1. 气候条件　我国东北地区是刺五加的主产区,野生资源主要分布于北纬 40°～50°、东经 125°～135°的广阔山林地带。该地区的气候特点是冬寒、夏凉、少雨、日照长,年平均气温 2.6℃～8.6℃,冬季最低气温可达 -30℃～-50℃,1 月份平均气温 -9.3℃～-23.5℃,土壤结冻期长达 5～6 个月。无霜期较短,在 110～150 天,晚霜出现在 5 月份,早霜出现在 9 月份。年降水量 300～700 毫米,集中在 6～8 月份和冬季,春季多干旱,在这种恶劣的气候条件下,刺五加也可安全越冬。但为了获得较好的经济收益,必须选择能使刺五加植株正常生长的小区气候,从而获得优质、高产。无霜期 120 天以上,≥10℃年活动积温 2 300℃以上,生长期内没有严重的晚霜、冰雹等自然灾害的小区环境,适宜选作刺五加栽培园址。

2. 土壤条件　刺五加自然分布区的土壤,多为黑钙土、棕色森林土。这些土壤呈微酸性或酸性,具有通透性好、保水力强、排水良好、腐殖质层厚的特点。人工栽培的实践证明，土壤疏松、通透性较好的壤土也是栽培刺五加适宜的土壤。另外，刺五加对土壤的排水性要求极为严格，耕作层积水或地下水位在1米以上的地块不适于栽培。生长刺五加的土壤除需符合上述条件外，还应符合无污染的要求。

3. 地势条件　不同地势对栽培刺五加的影响较大。自然条件下，刺五加主要分布于山地背阴坡的林缘及疏林地，这样的地势条件不但光照条件好，而且土壤肥沃、排水好、湿度均衡。人工栽培的经验表明，5°～15°的背阴缓坡地、林缘及疏林地、光照强的农田地及地下水位在1米以下的平地都可进行刺五加的栽植，但由于刺五加属于半阴性植物，最好在接近野生生长环境下进行栽培。在林间栽培，一般选择以柞树、椴树为主的阔叶林，在大田栽培一般选择大豆、玉米等作物。

4. 水源条件　刺五加比较耐旱，但是为了获得较高的产量和使植株生育良好，生育期内必须供给足够的水分，尤其是幼苗期干旱会导致栽植成活率降低，缺苗现象严重。同时，为防治刺五加病虫害等，喷洒药液也需要一定量的水，所以在选择园地时，要注意在园中或其附近有容易取得足够水量的地下水、河溪、水库等，以满足栽培刺五加对水分的需要。但必须注意，园地附近的水源不能有污染，水质必须符合我国"农田灌溉水质量标准"。

5. 周边环境　要远离具有污染性的工厂，距交通干线的距离应在1 000米以上，周围设防风林，大气质量应符合我国"大气环境质量标准"，距加工场所的距离不宜超过50千米，交通条件良好。另外，近年来的实践表明，刺五加园址的选择应尽量避免与玉米地等农作物相邻接，由于该类农作物在进行农田除草时常大量喷洒2,4D-丁酯等飘移性较强的除草剂，使刺五加遭受严重药害，2,4D-丁酯在无风条件下其飘移距离一般在200米左右，所以建园时要把与大田作物的间距控制在200米以上的距离。

（二）园地规划

园地选定以后，根据建园规模的大小要进行全园规划。在林缘地、撂荒地、农田地进行栽培，首先测绘出全园的平面地形图。用 1/500～1/2 000 的比例尺，采用 50～200 厘米的等高距测出等高线，同时勘测并标明不同土壤在园中的分布情况。依据测得资料，进行园地的道路、排灌系统、水土保持工程及住宅区、作业间、仓库等建筑物的规划。在疏林地栽培规划相对比较简单、只需考虑园地的道路、排水系统、水土保持工程、作业间、仓库等建筑物的规划。

1. 道路系统　以林缘地、撂荒地、农田地作为栽培园地，为了田间作业和运输的方便，全园要分成若干个区，区间由道路系统相连接。园中设置 6～8 米宽的主道贯通全园的各个区。区间由 4～5 米宽的副道相连，副道与主道相垂直。主道和副道把全园分成若干个小区，小区面积因园地面积的大小和平整情况而定。

2. 防护林的建立　刺五加园多建立在山区或半山区，应该尽量利用自然防护林，可以加快建园速度，同时降低建园成本。如果选定的园址无天然防护林可以利用，又是经常会受到风沙威胁的地方，就必须在建园前 1～2 年或与建园同时规划并栽植防护林带。一般防护林带面积占全园土地面积的 4% 左右。我国东北地区主要风向为西南和西北风，所以主林带应为南北向。栽 3～5 行乔木，株距 150～200 厘米。如当地风力较大时，可在行间加栽数行灌木丛。林带栽植应选择适应当地生长的速生树种，乔木可用山杨、洋槐、唐槭、水曲柳、白桦等，灌木树种可用毛樱桃、紫穗槐、榛等。

3. 排灌系统　刺五加较为耐旱、耐涝，但极度的旱和涝也会严重影响植株的正常生长，严重的导致植株死亡。在我国东北地区的自然条件下，只要园地选择适当，即使不设专门的排灌系统，也能正常生长。但是为了获得高产、稳产,在建园的同时必须设计排灌系统。

(三)整 地

1. 整地时间 在建园前1年秋季进行。刺五加的定植一般在春季进行。但春季从土壤解冻至栽苗,一般不足1个月时间,在春季新挖掘的定植沟,土壤没有沉实,栽苗后容易造成高低不齐,甚至影响成活率。因此,挖定植沟的工作,最好是在栽苗的前1年秋季土壤结冻前完成,使回填的松土经秋季和冬季有一个沉实的过程,以保证翌年春季定植苗木的成活率。

定植前,首先要平整土地。把所规划园地内的杂草、乱石等杂物清除,以林缘地、撂荒地、农田地作为栽培园的,要填平坑洼及沟谷,使刺五加园地平整;疏林地作为栽培园的,选好林地后,沿林地的下端向上,根据树冠的遮荫情况和地势及土质情况,在适宜种植刺五加的地方,割去小灌木和蒿草以便于以后作业。

2. 深翻熟化 刺五加根系分布的深度,会随着疏松熟化土层的深浅而变化。土层疏松深厚的,根系分布也较深,这样才能对刺五加的生长发育有利,同时可提高刺五加对旱、涝的适应能力。最好能在栽植的前1年秋季进行全园深翻熟化,深度要求达到30厘米,如不能进行全园深翻熟化,在植株主要根系分布的范围进行局部土壤改良。

3. 施肥 刺五加是多年生植物,一经栽植就要经营多年,其生长发育所需要的水分和营养绝大部分靠根系从土壤中吸收,因此栽植时的施肥,对刺五加以后的生长发育无疑是非常有益的。栽植前主要是施有机肥,如人、畜粪和堆肥等。各类有机肥必须经过充分腐熟,以杀灭虫卵、病原菌、杂草种子,切忌使用城市生活垃圾、工业垃圾、医院垃圾等易造成污染的垃圾类物质。有条件亦可配合施入无机肥料,如过磷酸钙、硝酸铵、硫酸钾等。无机肥的施用量,每 667 平方米施硝酸铵 30～40 千克,过磷酸钙 50 千克,硫酸钾 25 千克。

施肥的方法要依深翻熟化的条件来定,全园耕翻时,有机肥全园撒施,化学肥料撒施在栽植行 1 米宽的栽植带上。如果进行栽植带或栽植穴深翻,可在回土时将有机肥拌均匀施入,化肥均匀施在 1～30 厘米深的土层内。在疏林地按株行距 50 厘米×80 厘米左右,挖 30～40 厘米深栽植坑,挖好坑后将表土先回填到坑内,新土栽植时再回填。

4. 定植点的标定 定植点的标定工作要在土壤准备完毕后进行。根据全园规划要求及小区设置方式等,决定行向和等高栽植或直线栽植。

标定植点的方法。先测出分区的田间作业道,然后用经纬仪按行距测出各行的栽植位置。打好标桩,连接行两端的标桩,即为行的位置。再在行上按深耕熟化的要求挖栽植沟或栽植穴,注意保留标桩,这是以后定植时的依据。

5. 定植沟(穴)的挖掘与回填 定植沟(穴)的规格可根据园地的土壤状况有所变化,如果园地土层深厚肥沃,定植沟(穴)可以挖得浅一些和窄一些,一般深 0.4～0.5 米,宽 0.4～0.6 米即可。如果园地土层薄,底土黏重,通气性差,挖的定植沟就必须深些和宽些,一般要求深达 0.5～0.6 米,宽 0.5～0.8 米。挖出的土按层分开放置,表土层放在沟的上坡,底土层放在沟的下坡。挖定植沟必须保证质量,要求上下宽度一致,上宽下窄的沟是不符合要求的。提倡定植前 1 年入冬前挖栽植沟(穴),使土壤有一段时间的自然风化,春季定植前回填。在回填土的同时分层均匀施入有机肥,先回填沟上坡的表土,表土不足时,可将行间的表层土填到沟中,填至沟的 2/3 后,回填土的同时施入高质量的腐熟有机肥,腐熟有机肥(45～60 米³/公顷),以保证苗期植株生长对营养的需要。回填过程中,要分 2～3 次踩实,以免回填的松土塌陷,影响定植质量,或增加再次填土的用工量。待每个小区的定植沟都回填完毕后,再把挖出的底土撒开,使全园平整好,栽植带高出地面10厘米左右。

(四)苗木定植及当年管理

1. 栽植时期 刺五加可采取秋栽或春栽,秋栽在土壤封冻前进行,春栽是在50厘米深土层化透后栽植。

2. 栽植密度 刺五加的栽培密度,决定于园地的地理位置及环境条件、土壤肥力状况、栽培方式、品种特性等。在坡度较陡的园中,为了水土保持工程(如梯田、撩壕)的安排方便,一般行距要大。在较平缓的地段,行距可以小些。土层深厚,土壤肥沃的园地,植株生长旺盛,株、行距亦当大些,反之要小些。生长势强的品种比生长势弱的品种行、株距要大些。在林缘地、撂荒地、农田地栽培时株行距通常为 0.5~0.8 米×0.5~1 米,在疏林地栽培的,株行距通常为 50 厘米×80 厘米。

3. 授粉树的配置 刺五加为雌雄异株雌花植株雄蕊发育不健全,自花授粉不能结实,只能授以雄花的花粉才能结实。配置的方法:一是成行配置,即先栽 1 行雄株,再栽 2 行雌株,依此类推;二是插株配置,这是在缺少授粉植株时所采取的方法。栽植 35~40 株雌花植株,再栽植 4~5 株雄株,这种方法不便于剪条育苗。

4. 苗木定植 定植前需对苗木进行定干,在主干上剪留 2~4 个饱满芽,并剪除地下横走茎;剪除病、腐根及回缩过长根,然后将苗木浸水。因为苗木经过冬季贮藏或从外地运输,常出现含水量不足的情况。为了有利于苗木的萌芽和发根,用清水把全株浸泡12~24 小时。

(1)挖定植穴 在上年秋季已经深翻熟化的地段上,把每行栽植带平整好,按标定的株距挖好定植穴,定植穴,直径 40 厘米,深30 厘米,如株距较近,也可以开栽植沟。为了保证植株栽植准确,应使用钢卷尺测,或使用设有明显标记(株距长度)的拉线来测,以后的挖穴及定植都要利用钢卷尺或这种测距线测定。

(2)定植方法　由定植穴挖出的土,每穴加入优质腐熟有机肥2.5千克拌匀,然后将其中一半回填到穴内,中央凸起呈馒头状,踩实,把选好的苗木放入穴中央,根系向四周舒展开,把剩余的土打碎埋到根上,轻轻抖动,使根系与土壤密接。把土填平踩实后,围绕苗木用土做一个直径50厘米的圆形水盘,或做成宽50厘米的浇水沟,浇透水。水渗下后,将作水盘的土埂耙平。从取苗开始直至埋土完毕的整个栽苗过程,注意细心操作,苗木放在地里的时间不宜过长,防止风吹日晒致使根系干枯,影响成活率。秋栽的苗木入冬前在小苗上堆土厚20~30厘米,把苗木全部覆盖在土中,开春后再把土堆扒开。春栽时待水渗完后也应进行覆土,以防树盘土壤干裂跑墒。7~10天后把土堆扒开耙平。

5. 定植当年的管理

(1)土壤管理　刺五加定植当年的土壤管理虽然比较简单,但却非常重要。为了保证苗木的旺盛生长,基本采取全园清耕的方法。全年进行中耕除草5次以上,保持刺五加栽植带内土壤疏松无杂草。

一般情况下当年定植的刺五加萌芽后存在一个相对缓慢的生长期,主要原因是由于根系尚未生长出足够多的吸收根,植株主要靠消耗自身积累的养分,因此新梢生长缓慢。当叶片生长到一定程度后即可制造足够的营养并向植株和根系运输,从而促进根系生长,此期可适当喷施尿素或叶面肥,促进叶片的光合作用。至5月下旬,根系已发出大量吸收根,植株内也有一定的营养积累,因此,上部新梢开始迅速生长,这时为管理的关键时期,需加强肥水管理,每株可追施尿素或磷酸二铵5~10克。为了促进刺五加枝条的充分成熟,8月上中旬可追施磷肥与钾肥,每株施过磷酸钙100克,硫酸钾10~15克,或叶面喷施0.3%磷酸二氢钾溶液。

遇旱浇水,特别要注意雨季排涝,一定要及时排除积水,否则容易引起幼苗死亡。

(2)植株管理　刺五加定植当年的生长量与苗木质量和管理措施关系很大,在保证苗木质量的前提下必须加强植株管理。一般在苗木萌发后的缓慢生长期可不对新梢进行处理,到6月下旬至7月上旬新梢开始迅速生长后,当新梢长度达60厘米左右时,根据不同栽培模式,每株可选留健壮枝条1～2条,延长枝进行短截抑制其生长,促使制造营养,促进枝条成熟。对于其他新梢可采取摘心的方法,抑制其生长,保证植株生长。1～2年生植株每年封冻前根部要培10～20厘米厚的防寒土。经观察,农田栽培植株在夏季高温持续时间较长的情况下,个别植株的叶片有灼伤。由此表明,在大田地的栽培,要尽量栽植在东北向坡地和北向坡地。林下栽培刺五加要尽量增加光照,对密集的刺五加进行移栽,清除较密的小丛灌木,野生刺五加最低光照强度应是自然光照的50%以上,而农田栽培最高的光强应在自然光的80%左右较为适宜。可间作玉米等高棵作物进行遮荫。

刺五加的幼苗,在一般情况下很少发生虫害和感染病害,但必须加强检查,由于1年生的幼苗较弱小,一旦发生病虫危害,会对植株的生长产生极大的影响。尤其应加强对黑斑病的观察,做到尽早防治。防治方法详见病虫害防治部分。

五、园地管理

(一)整形修剪

刺五加整形修剪的目的是,通过人为的干涉和诱导,使其按照种植者的要求生长发育,以充分利用生长空间,有效地利用光能;合理地留用枝条,调节营养生长和生殖生长的关系,培育出健壮而长寿的植株;使之与气候条件相适应,便于耕作、病虫防治和采收等作业,从而达到高产、稳产和优质的目的。

1. 整形方法 主要采用多骨干枝丛状整形。每年对地面上的一级枝条进行短截(包括苗木的中心干生长点、地下茎、基生芽所抽生的枝条),去弱留强,保留 6～8 个骨干枝,骨干枝上均匀分布 2～3 个侧枝,每个侧枝培养 2～3 个结果母枝、营养枝或结果枝,这种整形方式的优点是树形结构比较简单,整形修剪技术容易掌握;便于防除杂草;植株体积及负载量小,对土、肥、水条件要求较不严格。

每株树一般需要 3 年的时间形成树形。在整形过程中,需要特别注意骨干枝的选留,要选择生长势强、生长充实、芽眼饱满的枝条作骨干枝。要严格控制骨干枝的数量,骨干枝数量过多会造成树体衰弱、枝组混乱等现象。

2. 修剪方法

(1)冬季修剪 冬季修剪也称休眠期修剪,每个发育周期进行 1 次。秋季天气逐渐变冷,植株落叶以后,枝条中糖和淀粉向根系转运的现象不明显,所以在落叶后进行修剪,对植株体内养分的积累、树势和产量等没有明显的不良影响。翌年春季根系开始活动,出现伤流现象,伤流液中含有一定量营养,一般对植株不会造成很大影响,但严重时会造成树势衰弱,故应在伤流前进行修剪。刺五加可供修剪的时期较长,从植株进入休眠后 2～3 周至翌年伤流开始之前 1 个月均可进行修剪。在我国东北地区,刺五加冬季修剪以在 2～3 月份进行最为适宜,在 3 月中下旬结束。如果栽植量大,修剪时间可适当提前。

刺五加的修剪原则应遵循以下原则,株高要控制在 3 米之内,便于田间管理,能促进分枝,促进根系和枝条的发育,增加产量。具体的修剪方法是:刺五加地上部枝条要保留 6～8 个,去掉多余的枝条,以免影响通风透光,每年对新梢进行修剪,利于生长发育及翌年枝条的萌发。1～4年生植株,每年对延长枝、长梢进行中短截(剪除总长1/2),中梢进行轻短截(剪除1/3),1～3年生植株的萌蘖尽量保留,培养骨干枝。枝条密集的可以进行疏枝,从枝条的基部去掉。较弱的枝条实行重短截(剪除2/3),可保留基部1～2个芽眼,翌年可萌发出较壮的枝条,为了促进基芽的萌发,以利于培养预备枝,在树势较弱的情况下也可进行极重短截(剪除2/3以上)。对已完成整形之后萌发的根蘖可根据原保留枝条发育情况,淘汰生长劣势枝,培育根蘖壮枝留作备用骨干枝,衰老骨干枝要及时更新,缩剪至壮侧枝上。剪掉病弱枝、枯干枝、衰老枝、畸形枝。在采收的前1年,在采收的植株上培养一株就地生长根蘖苗,代替了重新建园,缩短了建园年限。

(2)生长季修剪　刺五加植株春季开始生长时尽早地对地下茎、基生芽所抽生的多余嫩枝(芽)进行疏剪和清除。生长中期发现枝量过大,或枝条生长位置不正、枝条重叠等要疏枝。对生长旺盛的新梢延长生长量达到70厘米左右时进行摘心,可使新梢养分充足,枝芽充实、饱满。

(二)土壤管理

土壤是植物生长结果的基础,是水分和养分供给的源泉。土壤深厚、土质疏松、通气良好,则土壤中微生物活跃,能提高土壤肥力,从而有利于根系生长,增强代谢作用,对增强树势,提高单位面积产量都起着重要作用。因此,进行刺五加无公害规范化栽培,土壤管理是一项重要内容。刺五加的土壤管理,就是根据其生长发育特点和营养状况正确地进行施肥、浇水和行间管理,从而保证丰产、稳产和优质、高效。

1. 施肥　施肥是增产的重要措施之一,应做到合理施肥,即在数量、种类、各元素之间的比例、时期、次数、方法等各方面符合刺五加在各个生长发育阶段的需要,同时还要考虑植株发育状况、负载量、土壤肥力、气候条件等因素,才能使肥料发挥最大的肥效,做到既增产又节约。

为了刺五加获得较高产量,要以施基肥为主,再根据不同生长发育时期对各种营养的需求进行追肥。

农田地栽植的3～5年生刺五加园,每公顷需施用优质农家肥(牲畜圈粪等)25 000千克以上,每667平方米不少于1 700千克。一般每株施农家肥10～15千克,同时每公顷施入过磷酸钙500千克,在有条件的地方每株还可施入氮或钾肥0.25千克,以补充树体消耗的营养。疏林地刺五加栽培园施肥量可相应减少50%左右。

(1)基肥施用时期和方法 基肥秋施比春施好。在果实采收后,应及早施入基肥,此时地温高,有机肥料在土壤中分解快,施肥时被切断的根系能够较快地恢复;同时,根系尚可吸收施入的肥料,增加刺五加体内营养的积累,提高越冬能力,有利于下1年的萌芽、生长和促进花芽分化。刺五加生物学零度低,春季萌动早,此时土壤解冻浅,当土壤解冻达到施肥深度时,进入萌发期早,挖施肥沟时容易造成根系损伤,所以不宜春施基肥。同时,春施基肥会造成土壤水分大量蒸发,对保墒不利,而且施入的肥料需经微生物分解,根系不能马上吸收利用。因此,不如秋施效果好。

秋季施肥在植株栽植行两侧隔年进行,即第一年施在左侧,第二年施于右侧。头3年靠近栽植沟壁,第四年可在行中间开深30～40厘米的沟,施肥后覆土,采用这种施肥方法,根系损伤少,恢复快,并且也省工。在机械化程度高和肥料充足情况下,基肥可以采用全园撒施,先把肥料撒到园内行间,然后进行耕翻,深度为20～30厘米。

(2)追肥 从萌芽到开花前是需要营养的临界期,也是增产的关键时期。第一次追肥时期为萌芽期,时间是4月中下旬,这个时期的追肥常以速效性氮肥为主,同时也要施入一定量的磷肥。第二次追肥时期为植株生长中期,时期为 7 月上旬,应以磷、钾肥为主,此时根系出现第一次生长高峰,长出大量新侧根。新梢叶片叶面积迅速增大,有利于枝条和果实的成熟,产量高、品质佳,还可提高抗旱、抗寒、抗病能力,不但对当年的产量有利,而且下 1 年的产量也将会得到保证。施肥量:尿素 10～25 克/株,过磷酸钙 150～200 克/株,硫酸钾 10～15 克/株。随着树体的扩大,肥料用量逐年增加。

追肥一般采用沟施,在树冠的外缘,挖宽 15 厘米左右、深 15～20 厘米的施肥沟,如植株株、行距小,也可在株间挖小施肥沟。氮肥浅施,磷肥深施,钾肥深施或浅施均可,如若结合浇水,可将氮肥溶在水中,水渗下后覆土平沟。含微量元素的肥料一般进行根外追肥(叶面喷施),过磷酸钙不超过 3%,氮、钾在 0.5% 以下,对于其他肥料,应先进行少量试验,无异常现象时,再大面积应用。

2. 中耕除草 刺五加栽培园进行中耕除草是土壤管理的重要措施。中耕可以改善土壤的水分、温度、空气状况,促进微生物的活动,不但能使土壤疏松、通气良好,调节地温和保墒,同时还可防止土壤板结,使根系生长处于良好的条件,形成庞大的根群,促进根系向土壤下层发展,有利于抗旱和抗寒。及时进行除草,避免杂草和刺五加争夺养分和水分,使养分和水分集中供给刺五加生长。

(1)秋耕 秋耕在果实成熟后即可进行,约在 9 月末至 10 月初。耕地深度一般在 15～20 厘米,刺五加根系在土壤中分布较浅,耕地过深会过多损伤根系。根系受损后,恢复时间较长,影响植株正常生长发育。1 年或 2 年进行 1 次秋耕,最好结合秋施基肥进行,秋耕的范围依地理环境和栽植行距的大小而定。

(2)春耕 如果秋耕来不及进行,可在春季解冻后、萌芽前进行春耕。但在土壤干旱、春风较大的地区,耕翻后应随即镇压,以防根系与土壤被吹干,有条件的最好随即浇水 1 次。

(3)间作 本着改良土壤,充分利用耕地、增产增收和减少强光照射灼伤刺五加叶片的原则,在林缘地、撂荒地、农田地进行栽培的刺五加园的行间进行间作。间作的原则是,选择对刺五加植株的生长发育影响轻微、无害或是有益、适宜遮挡强光照的作物。最好选择能改良土壤的间作物。矮秆作物中,如矮棵大豆,其根系有固氮菌,能增加土壤氮素含量,同时也能改良土壤的微结构。为了提高刺五加园土壤肥力,可在行间种植绿肥,对于建在山地上的刺五加园来说,在行间和梯田上种绿肥,还可防止水土流失。在1~3 年生园,种植矮科作物,4 年生以上植株,为减少强光照射灼伤刺五加叶片,行间或株间间作一些高棵作物。栽种间作物,不能影响刺五加园的正常管理,在刺五加栽植带内(50~80 厘米)不能种植,否则会影响刺五加对养分的吸收。

(三)水分管理

1. 灌溉 刺五加的根系分布较浅,干旱对刺五加的生长具有较大影响。我国东北地区春季雨量较少,容易出现旱情,对刺五加前期生长极为不利。一年中如能根据气候变化和刺五加生长发育各物候期对水分的需求及时进行灌溉,对刺五加产量和品质的提高有极为显著的作用。浇水时期、次数和每次的浇水量常因栽培方式、土层厚度、土壤性质、气候条件等有所不同,应根据当地的具体情况灵活掌握。一般可参考下列几个主要的时期进行灌水。

(1)化冻后至萌芽前 浇 1 次水,这次浇水可促进植株萌芽整齐,有利于新梢早期的迅速生长。

(2)开花前 浇水 1 次,可促进新梢、叶片迅速生长及提高坐果率。由于刺五加为中药材,所以灌溉用水应符合农田灌溉水质标准(井水和雨水等可视为卫生、适宜灌溉用水)。

2. 排水 东北各省 5 月下旬至 6 月中旬易出现干旱,园地干旱时要及时浇灌;7～8月份正值雨季,雨多而集中,在山地的刺五加园应做好水土保持工作并注意排水。平地刺五加园更要安排好排水工作,以免因涝而使植株受害。

(四)病虫害防治

1. 病害　黑斑病是刺五加的主要病害。黑斑病主要危害叶片,也可危害茎、花梗、果实、种子等部位。受害叶片多在叶尖、叶缘和叶片中间等处产生圆形或近圆形至不规则形病斑,病斑初为黄褐色,后逐渐转为黑褐色,病斑中心颜色稍淡,周围稍有轮纹,外有淡黄色晕圈,上有黑色霉层,病斑干燥后易破裂,条件适宜时病斑迅速扩展,数个病斑相互融合,致叶片干枯,时常导致叶片早期枯落。茎上病斑椭圆形,黄褐色,逐渐向上下扩展,中间凹陷变黑,上生黑色霉层,茎上病斑可深陷茎内,形成疤拉杆子。花梗发病后,花序枯死,果实与籽粒干瘪,萎缩形成"吊干籽"。果实受害时,表面产生褐色斑点,果实逐渐干瘪抽干,提早脱落。在潮湿条件下,各病斑上生出的黑色霉状物,即病原菌分生孢子梗和分生孢子。病菌以菌丝体和分生孢子在病残体上越冬,翌年条件适宜时,分生孢子借气流传播,东北地区6月间开始发病,进入7～8月份雨季盛发,暴风雨是该病流行的重要条件。防治方法如下。

(1)清理园地　刺五加黑斑病的病原菌是以菌丝体和分生孢子在病残体上越冬的,因而当温度、水分等条件适宜时,分生孢子和菌丝体就会很容易的侵入植株。所以,在刺五加落叶后及时的清理园地,将病残体和落叶烧毁或深埋,就会在很大程度上减少病原菌,从而减轻发病程度。

(2)化学防治　吉林省大约每年7月份开始发病,根据病害田间发病情况,及时地采取药剂防治,对刺五加黑斑病比较有效的药剂可用30%福嘧霉悬浮剂1 200倍液;50%异菌脲可湿性粉剂1 200倍液;75%百菌清可湿性粉剂1 200倍液;70%甲基硫菌灵可湿性粉剂1 200倍液;农用链霉素1 000万单位1 200倍液防治。

2. 虫害　刺五加卷蛾每年在刺五加开花结果后(吉林省吉林市大约8月上中旬)开始蛀果,蛀果外面有时有吐丝缀连的症状,蛀孔外部有虫粪,严重影响种子的产量,甚至绝收。在卷蛾幼虫孵化盛期之前可选用植物源杀虫剂,如苦参碱、鱼藤酮、藜芦碱、百部碱等来防治,或可选用残留较低的触杀性杀虫剂防治。

六、采收与初加工

(一)采　收

以采收4~6年生植株为宜,10月下旬至大地封冻前,用镰刀割取地上部,扎成捆后,再用镐头、铁锹等工具刨挖全根。

(二)产地加工

刺五加采收后根和枝中还含有很多水分,易霉烂变质而影响其有效成分的稳定性,从而降低自身质量及产品质量,及时进行干燥加工是刺五加贮藏的基本方法。

1. 自然干制

(1)加工场地　加工场地应清洁通风并设荫棚,防雨棚,也应有防鼠、鸟、虫及家禽(畜)的设备。

(2)加工方法　首先挑选出杂物及虫害植株,洗净泥土,然后将扎成小捆的刺五加放在通风凉棚内自然阴干,层与层之间要有缝隙,空气可以流动,切忌堆放在不通风的屋内以及潮湿的地方,切勿在阳光下暴晒或雨淋以免影响产品的质量。

2. 人工干制　可采用烘房干制,一般要求要有较大的房间,且有相应的升温设备、通风、排湿设备,门窗需要安装玻璃,干燥速度较快。

采用电加热升温法,烘房温度为 50℃左右。同时,要进行通风排湿,烘房内空气相对湿度达到 60％左右就应打开进气窗和排气筒进行通风排湿,通风排湿的次数与时间因烘房内湿度而定。

第十三章　关黄柏规范化栽培技术

黄柏，别名黄薜、薜木、黄坡椤、黄菠萝，为芸香科落叶乔木，芸香科植物。分关黄柏（*Phellodendron amurense* Rupr.）和川黄柏（*P. chinense* schneid）2 个种。以树皮（去栓皮）入药。有清热解毒，泻火燥湿等作用；清下焦湿热、泻火，治湿热引起的泻痢、黄疸、小便淋沥涩痛、黄胆、赤白带下、痔疮便血、热毒疮疡、湿疹、阴虚火旺引起的骨蒸劳热，目赤耳鸣、盗汗、口舌生疮等，并有抑菌作用。关黄柏分布于东北、华北及宁夏等地；川黄柏分布于陕西、甘肃、湖北、广西、四川、贵州、云南等省、自治区。目前，关黄柏野生资源严重缺乏，被列为国家一级重点保护植物，人工栽培前景广阔。

一、特征特性

（一）植物学特征

关黄柏为落叶乔木，高 10～25 米；树皮外层灰色，有甚厚的木栓层，表面有纵向沟裂，内皮鲜黄色。小枝通常灰褐色或淡棕色，罕为红橙色。叶对生，单数羽状复叶，小叶 5～13 片，小叶柄短，小叶片长圆状披针形、卵状披针形或近卵形，长 5～11 厘米，宽 2～3.8 厘米，先端长渐尖，基部通常为不等的广楔形或近圆形，边缘有细圆锯齿或近无齿，常被缘毛；上面暗绿色，幼时沿脉被柔毛，老时则光滑无毛。下面苍白色，幼时沿脉被柔毛，老时仅中脉基部被白色长柔毛。花序圆锥状，花轴及花枝幼时被毛；花单性，雌雄异株，较小；花萼 5，卵形；花瓣 5，长圆形，带黄绿色；雄花雄蕊 5，伸出花瓣外，花丝基部被毛；雌花的退化雄蕊呈鳞片状，雌蕊 1，子房上位,花柱甚短,柱头头状,5裂。浆果状核果圆球形,直径8～10毫米,成熟时紫黑色,有5核。花期5～6月份。果实期9～10月。生于山地杂木林中或山谷河流附近。

关黄柏与川黄柏的主要区别为树皮外层灰色并带有甚厚的木栓层,有深沟裂,内层鲜黄色。叶对生;单数羽状复叶,小叶5～13片,卵状披针形或近卵形,边缘有个明显的钝锯齿及缘毛。花瓣5枚;雄蕊5枚;雌花内有退化雄蕊呈鳞片状,雌蕊1枚,子房倒卵形,柱头5裂。核果圆球形,熟时紫黑色。花期5～7月份,果实期6～9月份。

(二)生长习性

关黄柏对气候适应性强,山区和丘陵地都能生长,苗期稍能耐阴,成年树喜阳光。野生多见于避风山间谷地,混生在阔叶林中。喜深厚肥沃土壤,喜潮湿,喜肥,怕涝,耐寒,尤其是关黄柏更比川黄柏耐严寒。黄柏幼苗忌高温、干旱。关黄柏种子具休眠特性,低温层积2～3个月能打破其休眠。

二、苗木繁育

(一)选地、整地

关黄柏为阳性树种,山区、平原均可种植,但以土层深厚、便于排灌、腐殖质含量较高的地方为佳,零星种植可在沟边路旁、房前屋后、土壤比较肥沃、潮湿的地方种植,沼泽地,黏重土均不宜栽种。育苗或栽培时应选择肥沃和湿润的腐殖土为宜。育苗地要深翻并施足基肥,每公顷施厩肥37 500千克,做成宽1～1.2米、高20厘米的畦。幼树较成年树不耐严寒、寒冷,地区育苗地宜选向阳背风地块。

（二）种子繁殖

生产中多采用种子育苗,也可用萌芽更新及扦插繁殖。10 月下旬,关黄柏果实呈黑色,种子即已成熟,采后堆放于房角或木桶内,盖上稻草,沤 10～15 天后放簸箕内用手搓脱粒,把果皮捣碎,用筛子在清水中漂洗,除去果皮杂质,捞起种子晒干或阴干,贮放在干燥通风处供播种用。秋播或春播,如春播种子需经沙藏冷冻处理,沙子和种子的比例为 3∶1,为了保持一定湿度,少量种子沙藏后可装入花盆埋入室外土内。种子多时可挖坑,深度 30 厘米左右,把种子混入沙中装入坑内,覆土 2～3 厘米,上面再覆盖一些稻草或杂草。

1. 播种 播种可实行秋播(在 11～12 月份或封冻前进行)和春播(在 3～4 月份进行)。苗圃地每 667 平方米施腐熟农家肥 2 500～5 000 千克,育苗时在已做好的畦面按 30～45 厘米距离横向开深 1 厘米左右播种沟,然后将种子均匀撒入沟内,每公顷播种量 30～52.5 千克。播完后用细土混合盖种,厚 0.5～1 厘米,稍加镇压,浇水,再盖一层稻草或地面培土 1 厘米厚,以保持土壤湿润,在种子发芽未出之前,除去覆盖物,摊平培高的土,以利于出苗。

2. 苗期管理 春播后约半月即可出苗,秋播出苗时间比春播稍早,出苗期间,经常保持土壤湿润。出苗后,如幼苗过密,须及时间苗,在苗高 6～10 厘米时间苗 1 次,除去小苗和弱苗,每隔 1 厘米留 1 株,当苗高 5～6 厘米时定苗,株距 3～5 厘米。

3. 追肥 育苗地施肥对关黄柏幼苗生长影响较大。据观察在同一块地育苗,施肥的 1 年生植株高 30～60 厘米;不施肥的 2 年生植株高也只有 15～30 厘米。故一般育苗地除施足基肥外还应追肥 2～3 次,施稀粪或硫酸铵每公顷 75～150 千克。夏季在植株封行时普施 1 次厩肥,每公顷 37 500 千克,不但能增加肥力,且有利于保湿防旱。

4. 松土、除草、浇水 关黄柏幼苗最忌高温干旱,在夏季高温时,若遇干旱,常因地表温度升高,幼苗基部遭受损害,植株失水叶片脱落而枯死。所以,遇干旱应及时浇水,勤松土,或在畦面铺草及铺圈肥。

育苗1年后,到冬季或翌年春季即可移植。关黄柏幼苗根系较发达,长达30~60厘米,起苗应选雨后土壤湿润时进行,连坨挖出,尽量少伤根系。移植时剪去根部下端过长部分,按行距100厘米挖穴移植,2~3年出圃定植。也有育苗1~2年后直接定植的。

(三)分根繁殖

在休眠期间,选择直径1厘米左右的嫩根,窖藏至翌年春解冻后扒出,截成15~20厘米长的小段,斜插于土中,上端不能露出地面,插后浇水。也可随刨随插。1年后即可成苗用于定植。

三、园地管理

(一)苗木定植

苗木定植可在秋季或春季进行。秋栽在育苗当年上冻前进行;春栽在育苗后翌年春清明至谷雨进行。在选好的土地上,按株行距1米×2米先挖直径50~60厘米的定植穴,深度为60厘米,然后栽苗,浇水培土保成活,每667平方米栽苗300株为宜。施厩肥每穴5~10千克作基肥,与表土混匀,每穴1株,填土一半时,将树苗轻轻往上提,使根部展开,再填土至平,踏实浇水,覆一层松土。

(二)田间管理

定植后的 15 天内,注意干旱适当浇水,以免影响成活。在生长期间,前 2～3 年每年夏、秋两季松土除草 1 次,以嫩草作肥料,入冬前施 1 次厩肥,每株沟施 10～15 千克,在关黄柏未成林前,可以间种玉米或其他作物。定植后要连续抚育 4～5 年,及时除草防止草荒,在 2～3 年内每年夏、秋两季要各除草 1 次,入冬前要施 1 次农家肥,每株施肥 20 千克。未成林前可间作豆科作物。遇干旱时要及时浇水。

(三)病虫害及其防治

1. 病害　锈病(*Coleosporium phellodendri* Kam)是危害黄柏叶部的主要病害。发病初期叶片上出现黄绿色近圆形边缘不明显的小点,发病后期叶背成橙黄色微突起小疱斑,这就是病原菌的夏孢子堆,疱斑破裂后散出橙黄色夏孢子,叶片上病斑增多以至叶片枯死。根据文献报道,本病在我国东北地区发病重,一般在 5 月中旬发生,6～7 月份危害严重,时晴时雨有利于发病。

防治方法:发病期喷敌锈钠 400 倍液或 0.2～0.3 波美度石硫合剂或 50％二硝散 200 倍液,每隔 7～10 天 1 次,连续喷 2～3 次。

2. 虫害

(1)橘黑黄凤蝶(*Papilio xuthus* Linne)　幼虫为害黄柏叶,5～8 月份发生。

防治方法:在凤蝶的蛹上曾发现大腿小蜂和另一种寄生蜂寄生,因此在人工捕捉幼虫和采蛹时把蛹放入纱笼内,保护天敌,使寄生蜂羽化后能飞出笼外,继续寄生,抑制凤蝶发生;在幼虫幼龄时期,喷 90％敌百虫晶体 800 倍液,每隔 5～7 天 1 次,连续喷 1～2 次;在幼虫三龄以后喷每克含菌量 100 亿个的青虫菌粉剂 300 倍液,每隔 10～15 天 1 次,连续 2～3 次。

(2)蛞蝓　是一种软体动物，以成、幼体舔食叶、茎和幼芽。

防治方法：一是在发生期用瓜皮或蔬菜诱杀；二是可喷洒1%～3%石灰水防治。

四、采收与加工

(一)采收与留种

选生长快、高产、优质的15年生以上的成年树留种，于10～11月份果实呈黑色时采收，采收后，堆放于屋角或木桶里，盖上稻草，经10～15天取出，把果皮捣烂，搓出种子，放水里淘洗，去掉果皮、果肉和空壳后，阴干或晒干，于干燥通风处贮藏。

(二)加工与贮藏

定植后10～15年可以收获。收获宜在5～6月份进行，此时植株水分充足，有黏液，容易将皮剥离，先砍倒树，按长60厘米左右依次剥下树皮、枝皮和根皮。树干越粗，树皮质量越好。

也可采用不砍树，只纵向剥下一部分树皮，以使树木继续生长，即先在树干上横切1刀，再纵切剥下树皮，趁鲜刮去粗皮，至显黄色为度，在阳光下晒至半干，重叠成堆，用石板压平，再晒干。品质规格以身干，鲜黄色，粗皮去净，皮厚者为佳。

干后的黄柏打捆包装，放通风干燥处，防受潮发霉和虫蛀。

第十四章　桔梗规范化栽培技术

桔梗〔*Platycodon grandiflorum*（Jacq.）DC.〕为多年生草本，全国各地均有分布，主产于山东、江苏、安徽、浙江、四川、吉林等省。桔梗有肥大肉质根系，是我国常用根类中药，具祛痰止咳、消肿排脓之功能；延边朝鲜族加工的"桔梗咸菜"已是著名小菜。

一、主要生物学特性

桔梗为多年生草本，全株光滑，高 40～50 厘米，体内具白色乳汁。根肥大肉质，长圆锥形或圆柱形，外皮黄褐色或灰褐色。茎直立，上部稍分枝。叶近无柄，茎中部及下部对生或 3～4 叶轮生；叶片卵状披针形，边缘有不整齐的锐锯齿；上端叶小而窄，互生。花单生或数朵呈疏生的总状花序；花萼钟状，裂片 5；花冠阔钟状，蓝紫色、白色或黄色，裂片 5；雄蕊 5，与花冠裂片互生；子房下位，卵圆形，柱头 5 裂，密被白色柔毛。蒴果倒卵形，先端 5 裂。种子卵形，黑色或棕黑色，具光泽。花期 7～9 月份，果实期 8～10 月份。

桔梗喜凉爽湿润环境，野生多见于向阳山坡及草丛中，栽培时宜选择海拔 1 100 米以下的丘陵地带，对土质要求不严，但以栽培在富含磷、钾的中性类沙土里生长较好，追施磷肥，可以提高根的折干率。桔梗喜阳光耐干旱，但忌积水。桔梗为深根性植物，根粗随年龄而增大，当年主根长可达 15 厘米以上；翌年 7～9 月份为根的旺盛生长期。幼苗出土至株高 6 厘米以前生长缓慢，株高 6 厘米以上至开花前（4～5 月份）生长加快，开花后生长速度开始减慢。秋季气温下降至 10℃ 以下时倒秧，根在地下 -17℃～-20℃ 低温条件下可安全越冬；种子在 10℃ 以上时开始发芽，发芽最适温度在 20℃～25℃。种子千粒重 14 克,寿命为 1 年。

二、选(留)种技术

桔梗有蓝花和白花两个类型,白花类型比蓝花类型产量稍高。1 年生桔梗有部分植株结果,但种子瘦小、成熟度差,发芽率低(50%～60%),俗称"娃娃种";选择 2 年生植株留种,可得到成熟饱满的种子,发芽率在 85% 以上。桔梗花期较长,果实成熟期很不一致,于 9 月上中旬剪去弱小的侧枝和顶端较嫩的花序,使营养集中在上中部果实。10 月份当蒴果变黄,果顶初裂时,分期分批采收。采收时应连果梗、枝梗一起割下,先置室内通风处堆放后熟4～5 天,然后晒干、脱粒、去除瘪籽和杂质后贮藏备用。成熟的果实易裂,造成种子散落,故应及时采收。

三、栽培技术

(一)选地与整地

选阳光充足,土层深厚的坡地或排水良好的平地,土质宜选沙壤土、壤土或腐殖土。每 667 平方米施土杂肥 4 000 千克作基肥,深耕 30～40 厘米。整细耙平,做成宽 1.2～1.5 米的畦。

(二)种植方式

桔梗种植一般采用直播或育苗移栽两种方式,直播产量高于移栽,且根形分权小,质量好。

1. 种子处理 将种子置于 50℃～60℃ 的温水中,不断搅动,并将泥土、瘪籽及其他杂质漂出,待水凉后,再浸泡 12 小时,或用0.3% 高锰酸钾溶液浸种 12 小时,可提高发芽率。

2. 播种期　秋播、冬播及春播均可,但以秋播为好,秋播当年出苗,生长期长,结果率和根粗明显高于翌年春播者。

3. 直播种植　在生产上多采用条播,即在畦面上按行距 20～25 厘米开条沟,深 4～5 厘米,播幅 10 厘米,为使种子播得均匀,可用 2～3 倍的细土或细沙拌匀播种,播后覆土 2 厘米。直播种植每 667 平方米用种量为 750～1 000 克。育苗用种量 350～500 克。

4. 育苗移栽　育苗畦的规格与直播畦相同,播种也采用横畦条播,行距 10 厘米,沟深 0.6 厘米,沟宽 2 厘米。苗高 2 厘米时间苗,苗高 3～4 厘米定苗。桔梗苗 1 年移栽。在秋季地上部枯萎后,或翌年春解冻后越冬芽末期萌动之前进行。移栽前,先把种栽按大小分为 2～3 级,剔除伤残、病弱者。栽植时按行距 15～20 厘米用铁锹从畦端开沟,沟壁呈 45°～60° 斜坡,开沟的土暂放在畦面上,种栽芽端向上按株距 5～6 厘米摆放在沟内后,覆土厚 3 厘米。接着再开沟、摆栽、回土,一直到畦的另一端,最后一行倒栽,即越冬芽朝向畦外,免得须根伸到畦外。

(三)田间管理

1. 中耕除草　桔梗出苗慢,苗期长,幼苗容易被杂草欺死,要及时除草。在无风天用 48% 氟乐灵乳油 20～30 倍液向畦面、作业道喷雾,随施药随即混土,混土深度 3～5 厘米;如果单子叶杂草多,在出 7 片叶前喷施 10% 精喹禾灵乳油 100～150 倍液,杂草 7 天即可死掉。桔梗除草一般需要 3 次,第一次在苗高 7～10 厘米时,1 个月之后进行第二次,再过 1 个月进行第三次,力争做到见草就除。

2. 间苗补苗　春播后 7～15 天出苗,苗高 2 厘米时适当疏苗,苗高 3～4 厘米时,育苗地按 3～4 厘米定苗,直播地按 7～10 厘米定苗。补苗和间苗可同时进行,带土补苗易于成活。

3. 肥水管理　6～9 月份是桔梗生长旺季,6 月下旬和 7 月视植株生长情况应适时追肥,肥种以人、畜粪为主,配施少量磷肥和尿素。无论是直播还是育苗移栽,天旱时都应浇水。雨季田内积水,桔梗很易烂根,应注意排水。

4. 打顶、除花 苗高 10 厘米时,2 年生留种植株进行打顶,以增加果实的种子数和种子饱满度,提高种子产量。而 1 年生或 2 年生的非留种用植株一律除花,以减少养分消耗,促进地下根的生长。在盛花期喷施 1 毫升/升的乙烯利溶液 1 次可基本上达到除花目的,产量较不喷施者增加 45%。

(四)病虫害防治

1. 轮纹病和纹枯病 主要危害叶片,发病初期可用 1:1:100 波尔多液或 50% 多菌灵可湿性粉剂 1 000 倍液喷施防治。

2. 拟地甲 为害根部,可在 5~6 月份幼虫期用 90% 敌百虫可湿性粉剂 800 倍液或 50% 辛硫磷乳油 1 000 倍液喷杀。

3. 蚜虫、红蜘蛛 为害幼苗和叶片,可用 40% 乐果乳油 1 500~2 000 倍液或 80% 敌敌畏乳油 1 500 倍液,每隔 10 天喷杀 1 次。

4. 菟丝子 在桔梗地里能大面积蔓延,可将菟丝子茎全部拔掉,危害严重时连桔梗植株一起拔掉,并深埋或集中烧毁。此外,尚有蝼蛄、地老虎和蛴螬等为害,可用敌百虫毒饵诱杀。

四、采收与加工

1 年生桔梗总皂苷约 2.26%,每 667 平方米产鲜货 1 000 千克;2 年生桔梗总皂苷约 3.34%,每 667 平方米产鲜货 2 000~2 500 千克。采收一般在秋末或初春进行,先割去地上部茎秆,然后从畦的一端起挖取根,将芦头、根部须根及小侧根去掉;将根部泥土洗净后,用竹片或玻璃片刮去表皮、趁鲜洗净,晒干或用无烟

煤火炕干即成。桔梗折干率为 30％左右，干货以体实、头部直径
0.5 厘米以上，长度不短于 7 厘米，表面白色，无须根、杂质、虫蛀、
霉变为合格。以根条肥大、色白、体实、味苦者为佳。

第十五章 高山红景天规范化栽培技术

高山红景天(*Rhodiolasachalinensis* A. Bor.)为景天科多年生草本植物,其干燥根和根茎具有抗疲劳、抗衰老、滋补强壮、提高工作效率。地上部分亦供药用。主产于吉林省长白山区及黑龙江省尚志、海林、宁安等县,目前东北三省的山区已有大面积人工栽培。

一、形态特征

多年生草本,花茎直立,不分枝,株高 15～39 厘米,单株花茎数 40～70 个,最多者 300 多个,呈丛状生长。单叶,互生,叶片长圆形或长圆状匙形至长圆状披针形,无柄,叶片长 1～5 厘米、宽 0.4～1.3 厘米,基部楔形,先端急尖或渐尖,边缘具有粗锯齿,下部近全线。聚伞花序顶生,密集多花,总花梗长 5～6 厘米,花梗长 0.3～0.5 厘米,下部有苞叶。雌雄异株或杂性异株,萼片 4,花瓣 4(稀 5),黄色或黄绿色,线状披针形或长圆形,长 3～6 毫米,先端钝;雄花中雄蕊 8,较花瓣长,其中 4 枚着生花瓣基部,较花瓣略长,花药圆形,开放后呈鲜黄色。花的中部具 3～4 枚退化心皮,多数不育,少数发育成果实。花瓣基部具 4 枚长圆形橘黄色蜜腺;雌花花瓣黄绿色,先端略尖,心皮 4(稀 5)直立,灰绿色,花柱外弯,鳞片 4,腺状,长圆形,先端微缺。蓇葖果披针形,直立,长 6～8 毫米,喙长 1 毫米,果实成熟时棕色或棕褐色;种子长圆形或披针形,棕色或淡棕色,长约 2 毫米。花期 6～7 月份,果实期 8 月份下旬。人工栽培后花果期较野生提前约 1 个月。

二、生长习性

野生高山红景天适应性很强,能在高海拔山区自然条件十分恶劣的环境下正常生长发育,生育期 70～80 天。喜温暖凉爽气候,抗严寒,耐低温,耐干旱,怕水涝,忌夏季的高温多湿气候。

种子很小,千粒重 0.13～0.14 克,具不完全休眠特性,适宜的发芽温度 15℃～20℃,早春地表温度 10℃时开始出苗。种子在常温下贮存 1 年以后多数失去发芽能力。在 0℃以下低温条件下贮存 2 年仍保持较好发芽率。

在条件适宜环境下播种后 5～7 天出苗,幼苗初期生长缓慢,喜湿润,耐低温,忌强光照射,地上茎长出之后生长加快,耐干旱,喜光照。1 年生苗株高 7～10 厘米,个别植株少量开花,2 年生苗株高 10～15 厘米,多数开花结实。

三、栽培技术

(一)选地与整地

高山红景天对土壤要求不十分严格,应选择海拔较高、气候冷凉、无霜期较短、夏季昼夜温差较大的山区栽培,低海拔的平原地区、夏季高温多雨、无霜期长的地区不适宜栽培。具体栽培地应选择含腐殖质多、土层深厚、阳光充足、排水良好的壤土或沙壤土,可以利用山区的森林采伐地或生荒地栽培,在东北地区也可以用旧人参地栽培。育苗地最好选土质肥沃疏松、离水源较近的地块,移栽地尽量选择排水良好、土壤含沙略多的山坡地,黏土、盐碱土、低洼积水地不适合栽培。

选地后深翻 25 厘米左右,清除田间杂物,打碎土块,垄作或畦作。一般不施肥料,若土壤过于贫瘠,可以适量施用腐熟的农家肥,不用施化肥。畦宽 100～120 厘米、高 20～25 厘米,作业道宽 50～70 厘米。若选旧人参地栽培,播种前土壤要进行消毒。

(二)繁殖方法

生产中主要用种子繁殖,第一年集中育苗,第二年移栽,生长 4 年后采收。其次是用根茎繁殖,生长 2 年后采收。

1. 育苗 选新鲜成熟的种子于春季或秋季播种,春播时间 3 月下旬至 4 月上旬,秋播在 10 月中旬至结冻之前,秋季播种出苗早、苗全,种子不需要处理。春季播种时种子要进行水浸处理,具体方法是将种子集中放入干净的布袋内,将布袋放入清水中浸泡 40～50 小时,每天换水 2～4 次,浸完的种子在阴凉通风处晾去表面水分,待种子能自然散开时立即播种。播种时先用木板将育苗床表面土刮平,按行距 8～10 厘米横畦开沟,沟深 3～5 毫米,将种子均匀撒在沟内,每平方米播种量 1.5～2 克,盖筛过的细土 2～3 毫米厚,用手或木板压实,然后在床面上盖一层稻草或松针(松树叶)保湿。

2. 移栽 幼苗生长 1 年后进行移栽,移栽时间在当年秋季地上部分枯萎之后或翌年春季返青之前,春季移栽效果较好,一般在 3 月下旬至 4 月上旬幼苗尚未萌发时进行,先将幼苗全部挖出,按种栽大小分等分别移栽,栽植行距 20 厘米、株距 10～12 厘米,横畦开沟,沟深 10～12 厘米,将种栽顶芽向上栽入沟内,盖土厚度以盖过顶芽 2～3 厘米为宜,栽后稍加镇压,土壤过于干旱时栽后要浇水,每平方米栽大苗 50 株左右,小苗可栽 60 株。

3. 根茎繁殖 采集野生根茎或者在采收时将大的根茎剪下作种栽,先将根茎剪成 3～4 厘米长的根茎段,在阴凉处晾 4～6 小时,使种栽伤口表面愈合,再按上述移栽项的时间、方法进行栽植,栽植时将根茎段的顶芽朝上斜放在沟内,盖土厚度 5～6 厘米,栽后适当镇压,成活率一般在 95% 以上。

(三)田间管理

1. 育苗地　幼苗出土初期生长缓慢,出土 20 天的幼苗仍只是 2 片子叶,植株很小,而此时杂草生长较快,应及时除去田间杂草。苗期要经常保持床土湿润,干旱时要随时用细孔喷壶向床面浇水。开始出苗时,在早晨或傍晚逐次将床面盖的稻草除去,使幼苗适当接受光照。长出地上茎之后,根据出苗情况,间除过密的幼苗,或补栽于别处。

2. 移栽地　全部生长期内要经常松土除草,保证田间无杂草。移栽后的翌年应根据生长情况适当追施农家肥,尤其在开花期前后适量追施草木灰或磷肥,促进地下部分生长。高温多雨季节一定要注意田间排水,有条件时可在床面上搭棚遮荫防雨,或在床面上部的植株行间盖枯枝落叶防雨降温。入冬之前,向床面盖 2~3 厘米的防寒土以利越冬。

(四)病虫害防治

高山红景天在适宜的环境下栽培,生长期间病虫害较少,气候干旱季节偶有少量蚜虫为害幼嫩茎叶,可以用 40% 乐果乳油 1 500~1 800 倍液防治。其次是有时少量蛴螬、蝼蛄为害地下部分,可以人工捕杀或用毒饵诱杀。3~4 年生苗在高温多湿季节多有根腐病发生,有时严重影响植株生长及药用部分的产量,发病初期,叶片首先变黄,慢慢全株枯黄,地下部的根和根茎先出现褐色病斑,后期全部腐烂变成褐色或黑色,最后全株死亡。防治方法主要是按要求进行选地,移栽前最好将土壤做消毒处理,若在田间发现病株应及时拔出烧毁,病穴用石灰消毒,发病初期可用代森锰锌或多菌灵 1 000 倍药液浇灌根部或喷洒,每隔 10 天 1 次,共喷 3~4 次。

四、采收与加工

用种子繁殖生长 4 年后采收,根茎繁殖生长 2 年后采收,采收季节在秋季地上部分枯萎后,先除去地上部枯萎茎叶,将地下部分挖出,去掉泥土,用水冲洗干净,在 60℃～70℃条件下烘干,或者将洗干净的药材上笼蒸 7～10 分钟,在阳光下晒干或在干燥室内烘干,待药材达到七八成干时,将根和根茎整顺取直,顶部对齐,数个根茎捆成小把,再烘至全干。

五、留种技术

种子在 7 月中旬以后开始成熟,3～4 年生苗结实较多,要随熟随采,当果实表面变成褐色,果皮变干,果实顶端即将开裂时即可采收种子,先将果穗剪下,放阴凉处晒干后,用木棒将种子打下,除去果皮及杂质,放在阴凉通风干燥处保存。

第十六章　鹿规范化养殖技术

鹿是反刍哺乳动物,属哺乳纲(Mammalia)、偶蹄目(Artio-dactyla)、鹿科(Cervidae)、鹿属(Cervus)动物,世界上有40多种,其中我国约有16种。鹿是继家畜(牛、马、猪、羊)后驯化程度最高的草食动物。我国现在饲养鹿的种类主要有梅花鹿、马鹿、水鹿、白唇鹿、驯鹿、坡鹿和麋鹿等。

一、我国养鹿业现状

我国养鹿历史悠久,是世界上鹿业生产大国之一,也是将鹿产品用于医药保健事业最早的国家。目前,我国养鹿存栏50万～60万头,其中梅花鹿占85%～90%,其余为马鹿。梅花鹿主要分布于辽宁、吉林、黑龙江等省,品种有双阳、西丰梅花鹿和长白山品系。马鹿主要分布于新疆,品种有天山、塔里木品种和清原品系。养殖场规模100头以上的约3 500个,其中工商登记的养鹿企业1 600多家。鹿茸产量每年约100吨,其中花茸80吨、马茸20吨。

(一)我国养殖鹿的主要品种

1. 天山马鹿　主要分布于新疆的天山山脉,是马鹿中体型较大的一种。此种鹿食性广、耐粗饲,主要采食草本和灌木植物以及乔木的枝叶。驯化的成年公鹿重240～330千克,体高130～140厘米;成年母鹿重160～200千克,体高120～125厘米,1～10锯三杈鲜茸重单产约5.3千克,茸的枝头大,肥嫩上冲,产茸量高,经济效益高。

2. 清原马鹿　是将天山马鹿引进辽宁省清原县后,经过30

年 5 个世代人工系统选育而成。体型高大、体质结实,成年公鹿重约 320 千克,体高约 145 厘米;成年母鹿重约 240 千克,体高约 125 厘米,属大型鹿种。鹿茸产量高,茸型主干粗长上冲,嘴头肥大,繁殖成活率在 68% 以上,1~15 锯三杈和四杈茸茸重性状变异系数为 18%~23%,茸重性状遗传力为 0.37,重复力为 0.75,公鹿产茸最佳生产利用年限为 15 年,母鹿繁殖利用年限可达 15 年,是世界上第一个人工系统选育出来的优良马鹿新品种。

3. 东北马鹿 主要分布于东北三省和内蒙古自治区,其中以内蒙古自治区和黑龙江省的数量最多。驯化的成年公鹿重 230~320 千克,体高 130~140 厘米;成年母鹿重 160~200 千克,体高 115~130 厘米,属大型鹿种。

成年公鹿 1~10 锯三杈茸鲜重平均单产约 3.2 千克,茸致密,黄色茸较多,茸门桩低,多数四杈茸,嘴头小。16 月龄育成母鹿有少部分发情配种,能妊娠的较少,至 28 月龄时发情受配的母鹿仅有 20%~30% 产仔,成年母鹿受胎率 66%,产仔率 60%。产茸性状的遗传力为 0.37,由于其数量多、适应性强、耐粗饲、茸质致密、产量较高等特点,可作为杂交的父本或母本,具有较明显的杂种优势。

4. 塔里木马鹿 分布于新疆的南疆博斯腾湖沿岸、孔雀河和塔里木河流域。20 世纪 70 年代初引入东北三省等地。塔里木马鹿是马鹿中体型较小的一种,成年公鹿重 200~280 千克,体高 110~120 厘米;成年母鹿重 120~160 千克,体高 110~120 厘米。1~10 锯三杈茸鲜重平均单产约 5.3 千克。16 月龄大部分可达性成熟,繁殖成活率一般在 80%,有的高达 90%,在产地干旱情况下仍能健康存活,育种价值很高,引种到外地后,由于适应性差,抗病力弱,纯繁意义不大,但用其作为杂交鹿的父本和母本,则杂种优势明显。

5. 双阳梅花鹿 主要分布于吉林省双阳县,被引种到全国各地,此种鹿体型较大,体躯较长,成年公鹿重约 130 千克,体高 101～111 厘米;成年母鹿重 68～80 千克。成年公鹿平均产鲜茸 3 千克,最高的个体达 15 千克,比其他梅花鹿品种平均产量高出 25%～30%,鹿茸枝条大,质地肥嫩,含血足。此种鹿遗传稳定,产茸性状的遗传力为 0.48,与其他类型的梅花鹿进行杂交,杂交一代与同龄鹿比初生茸平均单产和二锯茸平均单产均有明显提高。此鹿具有耐粗饲、适应性强的特点可进行纯繁或杂交改良,具有很高的育种价值。

6. 西丰梅花鹿　主要分布于辽宁省西丰县境内,部分鹿已被引种到全国各地,成年公鹿重约 120 千克,体高 103±5 厘米;成年母鹿重约 75 千克,体高 89±3 厘米。上锯公鹿鲜茸平均单产 3.083 千克,成品茸平均单产 1.203 千克。西丰梅花鹿早熟性较突出,16 月龄时即进入初情期,初配母鹿一般受胎率为 69%,种用年限 3～15 锯,母鹿可达 1～12 产,繁殖成活率 75% 左右。遗传稳定,茸重性状的遗传力为 0.49。可进行纯繁或与其他鹿种进行品种间改良,杂种优势明显,育种价值较高。

7. 敖东梅花鹿　主要分布于吉林省敖东药业集团鹿场,部分鹿已被引种到外地,成年公鹿重约 126 千克,体高 104±5 厘米;成年母鹿重约 71 千克,体高 91±3 厘米。鲜茸平均单产 3.34 千克,成品茸平均单产 1.21 千克。茸重性状遗传力 0.36,茸重性状重复力 0.58;16 月龄性成熟,育成母鹿可参加配种,繁殖成活率约 8.25%,此品种鹿为我国人工选育的品种,有一定的育种价值。

8. 四平梅花鹿　主要分布于吉林省四平市种鹿场及四平地区,部分鹿被调入省内外。成年公鹿重约 141 千克,体高 105±3 厘米;成年母鹿重约 80 千克,体高 89±2 厘米。上锯三杈茸平均单产 3.25 千克,头锯二杠茸均产 1.05 千克;经产母鹿受胎率 95%,繁殖成活率 85%;初产母鹿受胎率 90%,繁殖成活率 78%。生产利用年限公、母鹿分别为 12 年和 10 年。可进行纯繁或与其他鹿种进行品种间改良,杂种优势明显,育种价值较高。

9. 长白山梅花鹿品系 主要分布于吉林省通化县,部分鹿被引种到其他省、市。成年公鹿重约 126 千克,体高 105±10 厘米;成年母鹿重约 81 千克,体高 87±8 厘米。成品茸均产 1.232 千克,鹿茸粗长,上冲,嘴头大,但眉枝较长,茸重性状遗传力 0.36,茸重性状重复力 0.64;繁殖成活率为 91.18%。此品系鹿与其他梅花鹿品种进行杂交,可表现出明显的杂种优势。

10. 兴凯湖梅花鹿 分布于黑龙江省密山市,部分鹿被引种到其他省、市。成年公鹿重约 130 千克,体高 110 厘米;成年母鹿重约 86 千克,体高 97 厘米左右。茸平均鲜重 2.644 千克,成品茸均产 0.942 千克。畸形率 3.6%,鲜干比 2.81∶1,鹿茸短粗,上冲,眉枝短小,茸重性状遗传力 0.36,茸重性状重复力 0.57,繁殖成活率 83% 左右。此品种与其他梅花鹿品种进行杂交,可表现出明显的杂种优势。

11. 东丰梅花鹿 主要分布于吉林省东丰县,部分鹿被引种到其他省、市。成年公鹿重约 128 千克,体高 106 厘米左右;成年母鹿重约 75 千克,体高 87 厘米左右;茸平均鲜重 3.66 千克,成品茸均产 1.22 千克,畸形率 9.6%,鲜干比 3.0∶1,茸重性状遗传力 0.36,茸重性状重复力 0.58;母鹿繁殖成活率为 86.5% 左右。此品种鹿与其他梅花鹿品种进行杂交,可表现出明显的杂种优势。

(二)鹿产品加工与销售

鹿茸加工方法已由过去的水煮为主,然后风干、烘烤而转变为现在以远红外微波烘烤为主,水煮为辅。加工的鹿茸中带血茸约占 80%,不带血茸占 20%,现在花二杠、花三杈和马鹿茸都加工带血茸。鹿茸销售在国内市场占 30%~40%,主要用作中草药原料和民间保健品等;有 60%~70% 的鹿茸,通过香港、深圳销往东南亚各国。另外,以整枝鹿茸为主,直接出口到韩国。

(三)鹿产品开发

我国鹿产品加工设备、加工工艺近年来都有较大进步。科技含量较高的有敖东药业集团生产的颐和春、安神补脑液等鹿产品。另外,生产鹿血、茸血口服液,各种血酒、粉剂、膏剂及日用化妆品等鹿产品的生产厂家较多,市场潜力较大,效益很好。

二、鹿的生物学特性

(一)生活习性

鹿爱清洁,喜安静,听觉、视觉、嗅觉敏锐,善于奔跑等特性是在漫长的自然进化过程中形成的,并与环境条件——食物、气候、敌害等有关。它们喜欢生活在疏松地带、林缘或林缘草地、高山草地、森草衔接地带,此地域食物丰富,视野比较开阔,对逃避敌害有利。

鹿喜欢晨昏活动,白昼子夜休息反刍。它们多呈季节性游动:春季多在向阳坡活动;夏季移往海拔高的山上,既适于隐蔽又可避免蚊、蝇骚扰;冬季回到海拔低的河套或林间空地,在食物短缺时接近农田或村落。

鹿喜水。驼鹿、麋鹿常在水中采食、站立或水浴;水鹿雨天活跃,常在水洼里打"泥";马鹿、梅花鹿喜泥浴。

(二)繁殖和体重的季节性变化

我国饲养的温带鹿,繁殖有明显的季节性,发情配种集中在9～11月份,并可延续至翌年3月上旬。产仔集中在5～7月份。

母鹿性成熟为出生后16～18个月,即出生后第二年秋季,但尚未完成体成熟,体成熟3～4岁。梅花鹿较马鹿早一些。公鹿在出生后第三年秋季性成熟。

鹿每年发情只有 1 次,交配即在发情季节内进行。绝大部分鹿都在每年 9～11 月份发情交配,到翌年 5～7 月份产仔。科研结果表明,公鹿只有到秋季交配期才能产生成熟的精子,错过这个季节进行交配,就会使母鹿空怀。

在发情季节,母鹿可有多个发情周期,梅花鹿一般在 9 月下旬开始发情,10 月中旬达到旺期,11 月中旬基本结束。在这期间大致经历 3～5 个发情周期,每个发情周期平均 12 天。母马鹿比梅花鹿早一些,一般在 8 月末至 9 月初开始发情,9 月中下旬达旺期,10 月中下旬结束。

公鹿发情的季节性更明显,一般在 8 月中旬开始发情,一直持续到 11 月末至 12 月初。公鹿的睾丸在各季节变化较大,夏季萎缩,且不能产生精子。从 7 月份开始睾丸逐渐膨大,至发情旺期达到最大程度。

鹿的体重也有明显的季节性变化:秋季公鹿体重明显减少 16%～20%,尤其公鹿颈部变粗,粗度比夏季增加 1 倍,变得有力,有利于在争王角斗中处于优势地位。

(三)食 性

鹿在草食动物中能比较广泛地利用各种植物,尤其喜食各种树的嫩枝、嫩叶、嫩芽、果实、种子,还吃草类、地衣、苔藓以及各种植物的花、果和菜蔬类。放牧的鹿能采食 900 多种植物,甚至能采食一些有毒植物。

鹿对食物的质量要求较高,采食植物具有选择性。选择的特点是鲜和嫩,嫩枝、嫩芽、嫩叶是主要的选择对象;在食物相当匮乏时才采食茎秆等粗糙部分。所以,有人认为鹿是精食性动物。家养鹿饲喂秸秆,因单一营养价值低而用精料加以补充,所以饲料多样化十分必要。鹿喜食盐。

（四）集群性

鹿的集群活动是在自然界生存竞争中形成的，有利于防御敌害，寻找食物和隐蔽。鹿的群体大小，既取决于鹿的种类，也取决于环境条件，如驯鹿野生群可达数十只或数百只，马鹿则几只或几十只。食物丰富、环境安逸，群体就相对大，反之则小。鹿群的组成一般以母鹿为主，带领仔鹿和亚成体，在交配季节里，1～2只公鹿带领几只或十几只母鹿和仔鹿，活动范围比较固定，当遇到敌害时哨鹿高声鸣叫，尾毛炸开飞奔而去。炸开的尾毛如同白团，异常醒目，起信号作用。一鹿奔跑众鹿跟随，跟随的鹿有一定的盲目性，有猎人将头鹿在崖上击毙，众鹿随之跳崖丧生的实例。家养鹿和放牧鹿群仍保留集群性的特点，一旦单独饲养或离群时则表现胆怯和不安，因此放牧鹿有的离群，不要穷追猛撵，等一会鹿就自动归群了。

（五）可塑性

鹿的生态可塑性是鹿在各种条件下所具有的一定的适应能力。人们就是利用可塑性来改变动物某些不适于人类要求的特性，使其更好地为人类服务。

鹿的可塑性大，幼鹿可塑性更大，鹿的驯化放牧就是利用这一特性来改变鹿的野性，让其听人呼唤，任人抚摸、驱赶、牵领，达到如牛羊一样的温驯。所以，在养鹿生产实践中，加强对鹿的驯化与调教，对于方便生产管理具有十分重要意义。

（六）防卫性

鹿在自然生存竞争中是弱者，是肉食动物捕食对象，也是人类猎取的目标，它本身无御敌武器，逃避敌害的惟一办法是逃跑，所以鹿的奔跑速度快、跳跃能力强。感觉器官敏锐、反应灵活、警觉性高,这是一种保护性反应,是自身防卫的表现,也就是人们常说的鹿有"野性"。在家养条件,鹿的野性并未根除,如不让人接近,遇异声、异物表现惊恐,母鹿产仔和公鹿配种时攻击人等,对生产十分不利,由此造成的伤亡、伤害事故也不少。因此,加强鹿的驯化,削弱野性十分必要。

(七)适 应 性

适应是生物适应环境条件而形成一定的特性和性状的现象。适应性是多方面的,有解剖适应性、生理适应性和生态适应性,以此达到生物体和外界条件的统一,适应生存。鹿的适应性很强,梅花鹿、马鹿能在世界各地生存,但转化程度高的鹿则对环境敏感,如我国的白唇鹿,能适应青藏高原地区,引种到内地生活得不好。适应对动物造成一种限制——只能生活在适应的地区,所以引种时要注意,使不适应的动物逐渐达到适应,这实际上就是风土驯化。

三、鹿养殖场区建设

(一)场址的选择与建设

对拟建场地方,要详尽调查论证。选择植被、水文地质、交通卫生和饲料来源等都合适的地方建场,避免出现建场后,不适合发展又不能搬迁的困境。场址应选择距离村庄较远的地方,但距电源要近;不能建在畜牧场旧址,或畜产品加工厂附近,更不宜建在被牛羊传染病污染过的地区。

1. 地形和土壤条件 场址应选择坡向朝南或朝东、坡度5°以上的平坦的沙质土或沙石土的高燥场所;山区应选在避开山水威胁、排水良好、阳光足和冬季避风寒的地方。

2. 饲料条件 因为梅花鹿每年每头平均需要精饲料 350～400 千克、需草场或山场 0.3～0.5 公顷,所以场址选择应考虑有充足的精、粗饲料来源。

3. 水源、交通及电力条件 建场前必须对场址的地下水位、自然水源、水量、水质进行勘测、检验,要避免使用江河等地表水源和附近有公害污染的水源。为了方便饲料、鹿场所用物资的运送及防疫工作,场址离铁路既不要太近,又不要太远(铁路 5～10 千米、公路 1～1.5 千米)。另外,因为鹿场各种饲料、产品加工耗电较多,所以场址的选择也必须有充足的电源。

4. 社会环境 鹿场的场址应避开工矿区和公共设施的闹市区,也不要在牛羊污染过的地方建场。鹿场应设在居民区的下风向;个体养鹿应在僻静、离道路远、防止干扰的地方建圈。

(二)规划与布局

1. 生产区 包括鹿舍、饲料调制间、仓库、器械药品室和鹿产品加工间等。应处于办公区的下风向或偏风向;处于粪场的上风向。生产区内,建筑布局应是公鹿舍在上风向,育成鹿舍居中,母鹿舍在下风向。饲料调制间和仓库宜设在中心区,以方便作业。青贮窖地势应稍高,避免受地下水害。

2. 办公区 包括办公室、宿舍、食堂、车库等。应处于生产区外的偏上风向。以保证卫生和减少非工作人员进入机会。

3. 隔离区 包括农机库、役畜舍等。一般安排在生产区和办公区之间。既起隔离作用又方便工作。

4. 生活区 包括住宅、小市场等。应远离生产区和办公区,以距生产区 1 000 米以外为宜。

(三)鹿舍设计

鹿舍的设计应冬避严寒风雪、夏遮炎热风雨,便于饲养管理。

防止鹿只逃跑。鹿舍的建筑包括:棚舍、寝床、运动场、围墙、走廊。鹿舍的建筑面积因鹿的种类、饲养方式、养鹿的规模等条件而异。

1. 鹿舍面积 采用全年圈养的鹿舍,如果饲养公梅花鹿 25～30 头,母梅花鹿 20～25 头,育成鹿 35～40 头,其棚舍长 10.5 米,宽 6 米;运动场长 27 米,宽 10.5 米。养马鹿,公鹿 25 头,母鹿 20 头,育成鹿 35 头,其棚舍长 17.5 米,宽 6 米;运动场长 30 米,宽 12 米。

2. 建筑样式 鹿舍既要光充足,又不宜光强刺激鹿的安静,多采取三壁式敞圈。人字形房顶,前面不设隔墙,仅有明柱脚。房檐距地面 2.1～2.3 米。舍内地面设寝床,由后墙到前檐稍有缓坡,最低点比前面运动场高 3～5 厘米,防止前檐雨水流入舍内。寝床至围墙的运动场地面应有 3°～5°的斜坡,以利于排除粪尿污水。

3. 建筑结构

(1)**墙壁** 地基 1.4～1.6 米,宽 0.6 米;砖墙厚度 37～40 厘米,后墙留窗,利于通风。舍前明柱脚,为防鹿顶损坏,要砌水泥柱或砖垛。

(2)**寝床** 用硬杂木铺设保温性好,也可砖铺地,或用白灰、黏土、沙砾三合土夯实。

(3)**运动场地** 可用砖铺地面,水泥地面或沙土地面。

(4)**产圈** 供母鹿产仔和对初生仔鹿护理的必要设施。平时也可用来饲养老弱鹿只。一般设在鹿舍一侧或一角,其面积 4～6 平方米。产圈宜设 2 个门,使之能通往鹿舍和运动场。

(5)**圈门** 运动场前门设在前墙中间或稍偏一侧,宽 1.5～1.7 米,高 1.8～2 米。圈舍之间的门设在中间或 1/3 处,宽 1.3～1.5 米,高 1.8～2 米。前栋鹿舍宜间隔 2～3 个圈层留后门,作为通往后栋鹿舍的通道。门的结构材料最好用铁管和铁皮制作。

(6)**隔栅** 在母鹿舍和部分公鹿舍寝床前 2.5～3 米的运动场

上,设一道活动的木制栅板,平时敞开,拨鹿时,将栅板关闭,能将运动场与圈棚隔开。在栅板一边也要留门,门宽 1.3 米,以便在鹿舍内外都能顺利拨鹿。

(7)通道　在每栋鹿舍运动场前墙外要设 5～6 米宽的通道。它是出牧和归牧,拨鹿的主要路径,两端都应留门,门宽 3 米左右。

(8)围墙　在鹿舍四周要有坚固的围墙,高 1.9～2.1 米。

(9)荫棚　鹿喜凉爽怕炎热,最好能在运动场一侧建有一定面积的荫棚。

(四)鹿场设备

1.舍内设备　包括料槽、水槽等。料槽要求坚固光滑,纵向设在运动场中央或墙壁处。梅花鹿料槽上口宽 80～100 厘米,底宽 60～80 厘米,深 25 厘米;槽底距地面 20～40 厘米。长度 8～10 米的料槽可喂 20～25 头鹿。马鹿槽为石槽、水泥槽均可,稍宽些即可。水槽要求坚固光滑,不透水。冬季加温时要改用铁槽。

2.保定设备　供锯茸、助产、预防注射或捕捉鹿只用。可设半自动夹板式保定装置或液压半自动保定器。小型鹿场可购买吹射式注射器或长柄注射器,注射眠乃宁麻醉剂保定即可。

3.机械设备　主要包括饲料加工设备,如饲料粉碎机、青贮机等。

4.泡料槽　供调制精饲料用。砖和水泥砌成或铁板焊成均可。

四、鹿的饲养技术

(一)引　种

无论是新建鹿场还是原有的生产场,都涉及引种更新血缘问题。鹿一般以"质"论价,所谓"质"是针对产茸量高、繁殖力强、无疾病、健康的公、母鹿而言。引种一般在 3、8、11 月份进行。引种时要引遗传基础较好、产茸量较高、且无疾病的鹿,以便为以后产生经济效益打下坚实的客观基础。

引种时要尽量选用优良品种、充分利用茸鹿杂交优势。中国农业科学院特产研究所与有关单位协作,经 22 年研究与推广,成功地解决了东北梅花鹿与东北马鹿杂交(花·马杂交)和东北马鹿与天山马鹿杂交(东·天杂交),提高 F_1 代生产力的技术。使花·马 F_1 地 2～14 岁鹿的平均单产达到 4 125 克;产肉量比梅花鹿高 92%。东·天 F_1 地 12～13 岁鹿的鲜茸单产平均达 6 796 克;母鹿繁殖成活率达 80%,比东北马鹿高 30%。这两组杂交鹿抗病力强、耐粗饲。近年来在全国 10 省、自治区 52 家鹿场的推广应用,都取得显著的高效益。

种公鹿应选择体型外貌雄性悍威,体型紧凑结实;头大额宽,角柄粗圆并相距较宽;眼睛大,明亮有神;毛红褐色,花斑大而鲜明;四肢强健,生殖器应发育良好,配种能力强,精液品质好,无恶癖,性欲旺盛,对母鹿情欲敏感等。母鹿必须体质健康,利用价值良好;要有正常发情、排卵、受胎等较好的繁殖力;在配种期要有较强的性欲;非配种季节也要有适宜的体况。

(二)饲养管理

鹿是植食类反刍动物,饲料以植物为主,但高效益养鹿,粗放草食是不行的。必须掌握鹿需要哪些营养物质,并且要了解各种饲料的营养成分,合理饲喂各种饲料才能事半功倍。

1. 鹿的营养需求与补给

(1)蛋白质 幼鹿生长发育需要蛋白质比成鹿多;种公鹿、妊娠后期和泌乳母鹿都应补给蛋白质含量高的日粮。应多喂些大豆粉,饼粕和酵母等。试验表明,3 岁公鹿的日粮中粗蛋白质不能低于 23％,幼鹿的日粮蛋白质要高于 23％。为提高日粮中粗蛋白质的质量,饲喂粗蛋白质含量高而蛋氨酸含量较少的豆饼与棉籽饼、花生饼或豆科牧草等蛋氨酸含量多的饲料搭配,饲喂效果良好。

(2)碳水化合物　在鹿的饲料中占主要比例,是鹿能量的重要来源。幼鹿能量供应不足,影响其发育;种鹿能量过多,会因肥胖而障碍配种及繁殖能力。

(3)食盐　对调节体液酸碱平衡,刺激唾液分泌和促进消化酶活性等都有重要作用,是鹿不可少的矿物质补充饲料。缺少食盐时,鹿食欲减退,被毛粗乱,生长缓慢。鹿的日粮中以食盐占精料 1％～1.5％为宜。即每 100 千克精料加食盐 1～1.5 千克。

(4)矿物质　鹿缺钙、磷会出现食欲减退,消瘦、异嗜癖等;仔鹿缺钙或二者比例失调会出现抽搐、昏迷等。种鹿缺乏矿质饲料会影响精子、卵子的生成。为保障矿物质的充分供给,在日粮中加入 1％～2％骨粉或贝壳粉是十分必要的。饲喂给鹿适量的维生素和矿物质,对提高体质、增强抗病能力都很有益处。

(5)水　它是各种营养物质的溶剂和运输工具。调节体温,体内有机物质的合成都离不开水。养鹿千万不能缺水。养鹿有经验的人常说"宁肯缺把草,不能把水少"。饮水不但量要足,更要清洁卫生,冬季还要给温水。

2. 饲养的基本原则

(1)合理饲喂各种饲料　青、干粗料为主,精料为辅。鹿是以青粗饲料或干粗饲料为主要食物的草食反刍动物。除在公鹿生茸,母鹿产仔,泌乳,繁殖配种期补充一定量的精料外,要坚持以粗料饲养的原则。这既符合鹿的生物学习性,经济上又不致浪费。但要力求粗饲料的多样化,既要日粮有营养,又要提高饲料的适口性,以提高饲料的利用率。

配制饲料应根据当地的精、粗料的种类,以及鹿的消化生理特点和饲料的价格进行科学配制,以求优质高效。

粗饲料主要包括：①干粗饲料——杂树叶、果树叶、玉米秸、豆秸、稻草、豆类荚皮，草原的青干羊草、山地干草和平原各种干草等。②鲜饲料——青绿秸秆、树木青枝叶、青野草和青贮饲料等。

精饲料主要包括：玉米、大豆、豆饼、大麦、麦麸、稻糠等。

矿物质饲料包括：食盐、骨粉、贝壳粉和少量的维生素及微量元素等。

（2）定时定量和定饲喂次数及顺序　鹿的采食、饮水、休息、反刍都有一定的生活规律。坚持"三定"原则养鹿，使鹿建立起良好的条件反射饮食习惯是十分重要的。能增进食欲，有利于消化和吸收。

（3）更换饲料要逐渐进行　鹿在夏、秋季节常以采食青绿粗饲料为主，冬春季节则饲喂干贮的饲料。饲料变更时，刚开始不爱采食，随时间推移会逐渐适应。所以，对喜食的饲料不要突然给量太大。否则易引起过食病症。

（4）夜间补饲与充足供水　在鹿生茸、产仔等生产旺季要夜间补饲。这一方面为增加鹿的活动量，另一方面有利于反刍利用。鹿在采食后饮水量大，而且次数多，要增加供水量和供水次数，夏季高温要加大供水量；冬季要饮温水。

（5）合理分群饲养　公鹿与母鹿的各生长阶段差异较大，各类鹿又需要不同的管理，所以必须对不同的鹿进行分群饲养管理。可按性别、年龄或健康状况分群。一般每群 25～30 头为宜。

（6）搞好卫生和疾病防治　鹿在圈养条件下，由于环境变化常发生一些疾病，所以一定要搞好环境和舍内卫生。大门口要设防疫池，路边要挖防疫沟；饲料饮水要清洁卫生；圈舍要勤打扫；粪便处理要得当；食槽、水槽等要有消毒措施。

3. 鹿的饲养管理

（1）种公鹿的饲养管理　为使种公鹿体质健壮，性欲旺盛，必须供给营养全面的饲料。日粮中有一定数量的全价蛋白质，对提高精液质量、数量及提高受精率都有重要作用。种公鹿日粮中粗蛋白质必须达到 20% 以上。钙、磷缺乏时，精子发育不全、活力差，在日粮中矿物质饲料应占 1.5%～2%，其中钙、磷比例应保持在 1～2：1 为宜。维生素 A、维生素 C 和维生素 E 是种公鹿不可缺少的补充营养，要适量供给，以增强性欲，提高精液品质。

不同时期的日粮配制：

①配种期　按鹿别、年龄和饲料种类配制，供给数量为：梅花鹿头锯至四锯，豆科子实类 0.37～0.5 千克、0.37～0.5 千克、0.25～0.37 千克、0.25～0.37 千克；马鹿 0.5～0.7 千克。禾本科子实类，梅花鹿 0.15～0.23 千克；马鹿 0.3～0.4 千克。糠麸类，梅花鹿 0.1～0.2 千克；马鹿 0.2～0.25 千克。食盐，梅花鹿 15～20 克；马鹿 20～25 克。碳酸钙，梅花鹿 15～20 克；马鹿 20～25 克。

②生茸期　每年 4～8 月份为各龄梅花鹿的生茸期，马鹿提前 20 天左右。此期公鹿性欲消失，比较安静，但食欲旺盛，代谢力强，正是长身体、生鹿茸时期，需要营养较多，在饲喂上要精、粗料充足。有些鹿场在此期还饲喂添加剂，如维生素、微量元素、酵母和骨粉等。此期的日粮配比是豆科子实类，梅花鹿 0.7～1.4 千克，马鹿 1.8～2.1 千克；禾本科子实类，梅花鹿 0.3～0.7 千克，马鹿 0.9～1.0 千克；糠麸类，梅花鹿 0.12～0.22 千克，马鹿 0.3～0.4 千克；食盐，梅花鹿 20～40 克，马鹿 40～50 克；碳酸钙，梅花鹿 15～35 克，马鹿 50～60 克。

③越冬期　每年 12 月份至翌年 3 月份为公鹿越冬期。后段时间为生茸前期，此期天气寒冷，要给一定的热能饲料，玉米可占日粮的 60%～70%。宜饮温水。越冬后期还要逐渐增加精料。

加强管理。公鹿在配种期食欲减退，要调剂饲料的适口性，应喂些胡萝卜、葱、青玉米、南瓜等，青绿多汁饲料。公鹿要加强运动，不要使公鹿肥胖。收完再生茸后，早、晚各 1 次定时在圈内驱赶,每次 0.5～1.5 小时。公鹿在生茸期要检修圈舍,防止舍内有突出物伤鹿、伤茸。此时昼长夜短,要延长饲喂的间隔时间,夜间补喂 1 次。要保持鹿群安静。要细心观察,记录每只鹿的脱盘时间,发现有压在茸上的花盘要及时除掉。对收完茸的非种用公鹿要集中起来饲养管理。对病弱鹿宜单独饲养,设专人精心护理。

(2)母鹿的饲养管理 养母鹿的主要目的是通过交配繁殖扩大鹿群,生产优质仔鹿,不断提高鹿群的质量。提高母鹿的繁殖力,要对母鹿选优和精心饲养。

母鹿相对体型较小,食量不大,目前各养鹿场的日常饲喂标准基本相同。母梅花鹿的日粮大都在 0.8 千克左右。一般 1 头母梅花鹿每天供给 0.5 千克精料和 2.5～3.0 千克粗饲料。

①配种期和妊娠初期管理 每年 8 月下旬,仔鹿断奶后,母鹿进入配种的体质恢复阶段。这一阶段母鹿需要恢复体质,保证卵泡的生长。因此,断奶后,母鹿仍需供给一定量蛋白质和维生素饲料,如豆饼、鱼粉、胡萝卜及麦芽等。日粮配制应以青绿多汁饲料为主和含有一定数量的蛋白质饲料组成,一般为豆科子实类 20%,禾本科子实类 10%,糠麸类 70%。

在管理方面,首先是调整鹿群,淘汰不育、有恶癖、年老体弱等母鹿,按年龄,体质和亲缘关系等组建配种核心群和生产群。在配种后,要对参加配种的母鹿登记造册记清配种谱系等事项。妊娠早期应尽量避免过量运动,防止惊吓等刺激,否则易流产。要合理供给蛋白质、维生素和矿物质等各种营养成分,不喂霜草、冻草和霉烂草,不饮污水、冰水。发现有流产征兆的母鹿要及时服用或注射保胎药物。

②妊娠期的饲养管理 随着母鹿胎儿的生长发育,母体的子宫发育增大,代谢功能不断加强。在母鹿妊娠期始终都要保持较高的日粮水平,特别是要保证蛋白质和矿物质供给。妊娠后期由于胎儿占腹腔体积大,日粮应选择体积小质量好、适口性强的饲

料,防止因饲料容积过大造成流产。在临产前 0.5～1 个月应适当控制饲料供给,防止母鹿过胖而造成难产。妊娠期饲喂精料和多汁粗饲料每天以 3 次为宜,时间性要均匀和固定,一般是早 4～5时,上午 11～12 时,下午 17～18 时。精料中豆科子实类 30%～35%,禾本科子实类 50%～70%。粗饲料供给量 2.5～3 千克。夜间还要补喂 1 次粗饲料。更重要的是供给充足的洁净饮水,冬季饮温水。妊娠后期,每圈头数不宜过多,要避免骚扰,舍内要清洁,垫草要柔软干燥。冬季厚度为 10～15 厘米。圈内不能积雪存冰。饲养人员入圈要给予信号,防止受惊炸群。每天要驱赶运动 1 小时左右。

　　③产仔哺乳期的管理　妊娠后期和产仔初期精料要充足,饲料要多样化,而且营养物质要齐全。梅花鹿每昼夜泌乳 700 毫升左右,其中,含干物质 24.5%～25.1%,脂肪占 10.2%～10.5%。每头母鹿每天泌乳消耗蛋白质达 175 克。如果日粮中蛋白质不足,泌乳量会明显下降。所以,哺乳期母鹿不仅要喂豆饼、玉米和糠麸,而且还要喂一些小米、豆浆和鱼粉等。精料中蛋白质饲料要占 65%～75%。每天饲喂 3 次精料,2～3 次粗饲料,夜间补饲 1次粗饲料。粗饲料应以青绿多汁的为主,同时要补给钙、磷、食盐等矿物质。此期间要对母、仔鹿加强观察,发现扒打仔鹿、舔肛、咬尾的母鹿,要调出单圈管理。

　　应尽量让其自然分娩。当发生难产时可采取助产措施:在母鹿分娩期间,组织专门人员昼夜值班,并准备好助产用具和产房;发现难产时,要请兽医或有经验人员助产。

　　(3)幼鹿的饲养管理

　　①幼鹿的生长特点　仔鹿出生后 2～3 小时就开始站立,俗称"拜四方"。有的仔鹿出生后 1 小时就能吃到初乳,4～6 小时能行动。在 4～5 天内多躺卧,每昼夜可睡眠 18～20 小时。此期吮乳动作特别频繁。仔鹿生后数日就开始试着吃草,1 月龄后基本就

能吃一些草。仔鹿断奶后,其反刍和消化功能才逐渐趋于完善。幼鹿大体需要3年时间才能生长发育健全达到体成熟。初期主要是骨骼生长,这一阶段主要是长高和增加体长和体宽,后期才转向生长肌肉及脂肪等。这也是合理供给养分的重要依据。

②初生仔鹿的喂养 仔鹿出生后1周内为新生期间,是仔鹿饲养的关键时期,应特别重视。首先应精心护理,使仔鹿尽早吃到母乳。母鹿在分娩后8小时由乳房中分泌的黏稠黄色乳汁为初乳,含有大量的溶菌酶和免疫球蛋白,酸度高,另外含有丰富易被仔鹿消化的营养成分,干物质是常乳的1倍多,蛋白质高出常乳4~5倍,还含有较多镁盐和钙盐等,有利于胎粪的排出,所以最好在出生后1.5~2.5小时让仔鹿吃到母乳。如果吃不到,哺喂其他家畜的初乳也可。其次要人为帮助仔鹿擦干体毛和注意保温。初生仔鹿喂过3~4次初乳后,要检查脐带,如果人工助断脐带,要用5%碘酊消毒断端。随后进行打耳号和仔鹿登记。

③哺乳仔鹿饲养 首先,应设置仔鹿保护栏。一般管理仔鹿随母鹿进入大群后,需要有固定的栖息地点,可在舍内设置仔鹿保护栏,以保证仔鹿能正常补喂和安全。保护栏各立柱间距15~18厘米,防止过宽或过窄夹伤仔鹿或母鹿偷食。每天要定时驱赶和进行驯化。其次,应进行补饲。仔鹿生长发育非常快,有母鹿哺乳,仍不能满足需要。仔鹿出生20天后,就可在保护栏内设小食槽,投给一些营养丰富的混合饲料。其比例为,豆饼或豆浆占60%,高粱面15%,玉米面15%,麦麸10%,并加入少量食盐和钙盐类。用温水调合成粥状,初期每天1次,补给量不宜过多,随仔鹿日龄的增长,其补给量逐渐增加。另外,对由各种原因造成得不到亲本母鹿哺育的哺乳仔鹿,可采取代养或人工哺乳。选母性强,泌乳量多的母鹿,将代养仔鹿送入母鹿小圈内,如果母鹿不扒不咬,而且前去嗅舐,即可认定能接受代养。注意观察代养仔鹿能否吃到乳汁,凡是能吸吮2~3次乳汁的即代养成功。对有代养仔鹿

的母鹿要供给足够的催乳饲料。仔鹿吮乳时,边顶撞母鹿乳头,边发出咩声,说明母鹿可能奶量不足,出现这种情况就需另找代养母鹿,防止两头仔鹿都受影响。在找不到代养母鹿时,则需人工哺乳。即将牛乳或山羊乳消毒,装入奶瓶,上好奶嘴,并冷却至36℃~38℃人工饲喂仔鹿。在哺乳的同时,要用温湿布擦拭仔鹿的肛门周围,或拨动鹿尾,促进胎粪排出。

在人工哺乳中,初乳的供给是一个重要环节。为保证有足够的初乳,可用冷藏方法保存牛、羊的初乳,使用时融化并消毒,待加温至36℃~38℃时再喂给初生仔鹿。

④断奶仔鹿的饲养　断奶时,可减少哺喂次数,逐步增加补量,每日喂4~5次,夜间补喂1次粗饲料,以后逐步过渡到育成鹿饲喂次数。断奶仔鹿的饲料要精调细作,如大豆制成豆浆或豆饼粥。此外,还要供给足够的优质粗饲料和清洁的饮水。

五、鹿的繁殖技术

(一)发情规律与表现

鹿每年只发情1次,交配即在发情季节内进行。母鹿一般在8月末至9月初开始发情,9月中下旬达旺期,10月中下旬结束。公鹿发情的季节性更明显,一般在8月中旬开始发情,一直持续到11月末至12月初。

母鹿到了始情期,就有发情表现,主要是食欲下降,舔对方生殖器官或外阴部、甚至爬跨公鹿或母鹿,阴部流出一些清亮黏稠的液体。公鹿的发情表现更为强烈。公鹿到了配种年龄,性情变得粗暴、好争斗,食欲明显减退,采食量显著减少,甚至绝食。极度兴奋时,扒地或顶撞他物,并暴躁磨角吼叫。颈部明显增粗。处于发情期的公鹿常"泥浴"。根据母鹿在发情过程中生殖器官的变化,对发情周期划分为发情前期、发情期、发情后期和休情期四个阶段。发情期是重要阶段,此期则主动寻找公鹿,常伫立不动,低臀举尾,愿意接受爬跨,有的阴道流出物增多,甚至开闭阴门,发出叫声。大致持续时间 8～16 小时,卵巢的排卵就在此时间完成,所以是配种的最好时机。在母鹿发情旺期,其内眼角下部的眼窝开张,分泌一种强烈难闻的特殊气味,这也是确定发情状况的依据。

(二)初配年龄与使用年限

公鹿一般在 3.5～4 岁开始参加配种为宜,母鹿以 2.5～3 岁为宜。在人工饲养条件下,鹿的正常寿命为 15 年左右。公鹿以利用至 8 岁为宜。母鹿一般利用至 6～7 岁。无论公、母鹿,在能保证配种计划时,应尽量使用 4～7 岁的鹿参加配种。

(三)配种方式

配种方式有群公群母、单公单母和单公群母等,目前一般养殖场中常采用单公群母配种方式。首先根据年龄、生产性能、体质等,将母鹿分成若干个配种小群,每群 15～16 头为宜。1 次只放入 1 头公鹿,每隔 5～7 天替换 1 次公鹿;发情旺期每 3～4 天更换 1 次公鹿。在 1 天内公鹿已配种 3～4 次,可将该群中母鹿拨出与其他公鹿交配。配种时必须及时观察、记录和调整鹿只。此法配种、受胎率一般可达 90%以上。

单公单母配种是把发情母鹿和经严格挑选的种公鹿从原圈调出,赶入指定地点交配。这种方式,近年来在管理水平高的鹿场已经开始推广。

配种注意事项如下:①鹿的交配时间短,速度快,并且多发生在清晨和黄昏,所以技术人员应根据这些特点注意观察鹿群,如发现不适情况要及时处理。②利用"王鹿"试情。待交配时,截堵王鹿,协助其他种公鹿交配。③对交配后的母鹿,注意观察受配表现。若再次发情应重新组织交配。凡调出的公鹿和受胎母鹿要分别集中成小群饲养。④不参加配种的公鹿应养在远离配种圈的上风口处。⑤配种后的公鹿不能马上饮水，否则易出事故或造成配种能力的丧失。因此，要将圈内水槽盖上或将水放出，暂停供水。⑥配种后调出的公鹿不能与未参加配种的公鹿混圈，以免引起未参加配种公鹿的性兴奋。⑦对配种公鹿要特殊管理和补饲，以使之尽快恢复体况，准备越冬。

(四)分　娩

梅花鹿的妊娠期为 235±6 天。分娩征兆：一是产前 15 天，乳房显著增大；产前几天可从乳头中挤出黏稠淡黄色液体，若能挤出乳白色初乳时，一般在 24 小时内分娩。二是外阴肿胀，分娩前1～3 天子宫颈黏液塞溶化，呈透明的索状物自阴门流出，垂吊在阴门外。三是骨盆韧带松弛，尾根两侧的臀部出现塌陷。四是母鹿起卧不定，不采食，在舍内走来走去或围着墙转。临产前尿频；抬尾仰脖；发出叫声或低声呻吟，一旦发现这些征兆，应及时将母鹿调入产仔圈，以便顺利分娩。

六、鹿病防治

(一)防治原则

主要有：①建立健全的卫生防疫制度。鹿舍、饲料室、料槽及用具都要保持清洁卫生，定期消毒。②在日常管理中，经常观察鹿的神态、食欲、反刍、呼吸、运动等方面的表现，发现异常及时查找原因，及早治疗。③在饲料上要严禁饲喂腐烂变质的饲料或被牛、羊等污染过的饲料。饮水要洁净。每年春季要给鹿群接种羊肠毒血症、猝疽、快疫三联疫苗；必要时接种布氏杆菌、疫苗,人用卡介苗,口蹄疫苗,羊大肠杆菌病疫苗等。严防鹿的各种传染病发生。

(二)常见病的防治

1. 食管梗塞 由吞咽豆饼块、萝卜、甜菜等大块饲料卡在食管引起。

(1)病状 突然发病,初期摇头、咳嗽,吞咽动作频繁。后期口腔流出带泡沫的黏液,烦躁不安或拒食。

(2)防治 禁喂大块饲料。及时取出梗塞物或送入胃中。口腔灌入液状石蜡 100 毫升,用手沿食管沟上拉或下送,可用胃管把异物推入胃中;严重者可手术切开食管,取出梗塞物。

2. 瘤胃积食 食过干饲料饮水不足,或采食大量不易消化、易膨胀的饲料后又大量饮水等引起瘤胃充满大量食物,甚至产生气体。

(1)症状 腹部膨大,采食和反刍停止,伸腰弓背,回视腹部,两耳下垂,呼吸困难。

(2)防治 病初采用饥饿疗法,每天饮水不少于 6～8 次。可用大戟散 200 克,人工盐 200 克,食醋 500 克,液状石蜡 500 克,加水适量投服。同时肌内注射 30%安乃近 10～20 毫升。皮下注射新斯的明或比赛可灵注射液以增强前胃蠕动。

3. 瘤胃臌气 食入发酵腐烂的饲料,采食大量开花前的苜蓿或青稞、大豆引起食管梗塞,瘤胃积食膨气。

(1)症状 采食后数小时内发病。腹围急剧扩大,肷窝突出;食欲废绝,反刍停止;口吐白沫,眼结膜潮红,呼吸加快。腹部叩诊呈鼓音,不及时治疗常引起死亡。

(2)预防 不喂霉败饲料,不喂浸泡过久的酸败豆饼。

(3)治疗 按摩瘤胃,促进嗳气,重者穿刺瘤胃,排出气体。可用鱼石脂 10～15 克,酒精 100 毫升,加水 500 毫升投服。

4. 出血性肠炎　饲料突变,蛋白质饲料太多或食入大量不易消化的霉败饲料等易引起本病。

(1)症状　排粥状粪便,初期呈灰色,后期呈黑褐色,有恶臭黏液,甚至排红色血便。体温升高,拒食,呼吸困难。

(2)预防　饲槽要经常刷洗干净,不喂霉烂变质饲料。

(3)治疗　肌内注射庆大霉素或小诺霉素、恩诺沙星或炎毒抗等,每天2次,饮水中加口服补液盐;10%葡萄糖,林格氏液或生理盐水中加维生素C,地塞米松静脉输入。出血严重时,用止血敏,维生素K_1等肌内注射。

5. 坏疽性肺炎　呛水呛食,争偶,顶撞,惊跑等剧烈运动后马上饮水或各种肺炎、肺脓疡、肺结核继发本病。

(1)症状　体温升高,呼吸急促,头颈前伸,呼出的气体有恶臭味。听诊有啰音,鼻腔流出有臭味的有色液体,多因脓毒败血症而死亡。

(2)治疗　剧烈运动后禁止饮水,饲喂。尽早用大量青霉素肌内注射或静脉注射,每天2次,每次240万～400万单位。也可用卡那霉素、庆大霉素、磺胺嘧啶、双黄连注射剂等。还必须补液、强心、补充维生素,治疗原发病。

6. 新生仔鹿假死　由于仔鹿倒生、难产以及助产时间过长等引起。

(1)症状　初生下来时,舌垂于口外,口、鼻内黏液过多,脉细。不呼吸,处于假死状。

(2)治疗　倒提仔鹿后肢,拍打胸部,促使口腔、呼吸道内的黏液、羊水等排出并擦干,促进出现呼吸。必要时,人工呼吸或吸氧。肌内注射尼可刹米,以兴奋中枢神经。

7. 舔肛咬尾症

(1)症状　仔鹿肛门被母鹿舔得红肿,排粪困难,后肢开张,站立不动,严重者直肠外翻,肛门和尾根处出血,甚至被咬掉尾巴。

（2）治疗　注意看护,发现有舔肛现象,及时隔离母仔,人工哺乳仔鹿。直肠有宿粪的仔鹿要及时掏出;肛、尾涂擦碘甘油或肌内注射青、链霉素。

8. 仔鹿下痢　由于鹿舍潮湿泥泞,垫草潮湿或无垫草,仔鹿舔食污物或污水等引起。

（1）症状　仔鹿排黄色带乳块粪便,后期粪便成白色粥状物。严重时粪便青绿色,有血,恶臭。消化不良性下痢为灰白色稀便,带粉性泡沫,有酸味。

（2）治疗　保持圈舍干燥,铺垫干草,人工哺乳定时定量,用具每天消毒。发病早期取土霉素 2 克,胃蛋白酶或多酶片 1 克,小苏打 2 克,次硝酸铋 1～2 克,加水 5 000 毫升投服,每天 1 次,连服 3 天。10%葡萄糖注射液 500 毫升,生理盐水 500 毫升,氨苄青霉素 2～3 克,维生素 C 注射液 10 毫升,10%安钠咖注射液 10 毫升静脉注射,药液要加温至 37℃,也可腹腔输入。仔鹿不食时,可用鲜牛奶 1 000 毫升,鲜鸡蛋 2 个,鱼肝油 10 毫升,食盐 3 克,搅匀,适量内服。

9. 咬毛病　又称食毛症,冬季母鹿多发,此病的发生较普遍,危害较大。有的鹿咬毛后,在胃内形成毛球,影响消化,甚至会死亡。多由于饲料单一,营养不全价,缺少胱氨酸、甲基丁胺酸、无机盐、钙、磷、钠、钾比例失调或缺少铜、钴、硫等微量元素以及维生素等而引起的代谢紊乱,致使产生异嗜癖,出现相互咬毛现象。

（1）症状　冬、春季节发病较多,病初啃舔墙壁、异嗜、吃粪尿等,尤其喜欢舔食被粪尿污染的鹿腹部和腿部的体毛。随病情加重,个别鹿开始啃咬其他鹿的体毛。似有传染,造成别的鹿也跟着啃咬体毛,甚至背、颈的毛几乎被咬光。皮肤呈黑色,有伤痕,消瘦,偶有死亡。咬下的毛,常在胃中与纤维等物混搅在一起形成毛团,小的毛团可随粪排出,大的则造成反刍缓慢或停止,形成慢性消瘦虚弱,体毛粗乱无光,最后衰竭死亡。

（2）防治　治疗尚无满意方法，主要应积极预防。针对病因改善饲养管理，鹿群不要太密集，每头鹿占有面积不应小于 12 平方米。发现有个别鹿出现咬毛症状时，就要拨出隔离饲养，避免全群发病。发病后在日粮中加食盐 30 克，骨粉 20 克，硫酸钾 5 毫克，硫酸铁 150 毫克，硫酸铜 100 毫升，氯化锰 10 毫克，4～6 周为 1 个疗程，可收到良好效果。在精料中加腐殖酸钠、啄羽灵等效果也较好。对消化紊乱的咬毛鹿，用液状石蜡 500 毫升、硫酸镁 200 克、健胃散 200 克投服，促其将毛球泻下，同时注意强心补液，防止继发感染也有明显效果。

10. 急性瘤胃酸中毒　鹿食入大量能在瘤胃内发酵产生过量乳酸的玉米、高粱、小麦、豆粕等引起的一种急性中毒症。

（1）症状　常以毒血症、脱水或瘤胃蠕动停滞而死亡。初期患鹿耳耷头低，孤立墙角，食少或拒食，腹泻，排水样恶臭粪便，有的带黏液或血液，口流涎。随后眼窝下陷，肌肉震颤，排血便。后期四肢无力，卧地不起，头向后弯曲。甩头，四肢划动，体温下降。常在数小时或数日内死亡。

（2）治疗　立即停喂精料，取 5% 葡萄糖 1000 毫升、5% 碳酸氢钠 500～1 000 毫升、地塞米松 5 毫升、肝泰乐 20 毫升静脉注射，肌内注射庆大霉素或丁胺卡那霉素或小诺霉素或氨苄青霉素防止继发感染，肌内注射安络血或止血敏加维生素 K 以止血，用 4 000～5 000 毫升石灰水上清液导胃后，再用液状石蜡 1 000 毫升、小苏打粉 200 克、磺胺脒 20 克加水投喂。日常饲喂玉米，宜煮熟加入 10～20 克人工盐调制再喂效果较好。

（三）鹿传染病的防治

1. 肠毒血症　本病是由魏氏梭菌感染引起的一种使鹿急性致死性的传染病。在鹿的产茸季节多发生此病。饲草、饮水污染或过量饲喂精料都可诱发本病。

（1）症状　膘情好的鹿易发病。病情稍缓体温升高至40℃以上，反刍、嗳气停止，食欲废绝，腹围增大，流涎，起卧不安，呼吸促迫。重者腹部高度臌胀，肌肉震颤，口吐白沫，腹泻便血。濒死前角弓反张，倒地痉挛昏迷而死。死后剖检可见，胃肠高度充气，真胃黏膜充血、出血，小肠呈血肠样，实质器官有出血点。采脾脏涂片镜检，可见有带荚膜的革兰氏阳性粗大杆菌。

（2）防治　定期注射羊肠毒血症、快疫、猝疽疫苗，病鹿及时隔离治疗，取10％葡萄糖1000毫升，维生素C10毫升，地塞米松6毫升，生理盐水500毫升，双黄连2～4克，静脉注射。氯霉素40万单位或氨苄青霉素3克肌内注射。复合维生素B10毫升肌内注射。每天混饲或投服磺胺脒20克，小苏打粉100克。圈舍用20％石灰乳或3％苛性钠彻底消毒。

2. 鹿快疫　本病是由腐败梭菌经消化道感染而引起的一种鹿急性致死传染病。阴雨季多发生本病。气候突变，饲喂冰冻或污染饲料易诱发本病。

（1）症状　发病突然，甚至未见症状鹿已死亡。病情稍缓者表现为腹胀，口吐白沫，四肢直伸，卧于墙角，反刍停止，结膜苍白，体温40℃左右。天然孔中流出血样液体。胸、腹腔和心包内积有淡红色液体，各个胃的黏膜有大出血斑或坏死灶；肠腔充气臌胀，黏膜出血或有溃疡性坏死灶；肺出血呈紫红色，心外膜有出血斑点。

（2）防治　目前对本病尚无特效疗法，可参照鹿毒血症方法进行防治。

3. 鹿巴氏杆菌病　是由多杀性巴氏杆菌引起的以出血性炎症和败血症为主要特征的传染病，多属急性经过，危害较大。

（1）症状　表现常有两种。急性败血症型体温升至41℃以上，精神沉郁，呼吸急促，食欲废绝。有的排血便。病程1～2天死亡。肺炎型呼吸困难，咳嗽，有的口吐泡沫或有鼻液，病程4～5天。

（2）防治　加强鹿场日常卫生管理，定期进行消毒。发现病鹿及早隔离治疗。肌内注射青霉素320万单位，链霉素100万单位，维生素C 10毫升，地塞米松5毫升，注射用水10毫升，每天2次，连续5天；口服新诺明，每次每千克体重0.15克，每天2次。

4. 鹿疥螨病　本病是由疥螨感染而引起的一种寄生虫病。

（1）症状　患病的颈部、腹部皮肤发红增厚，出现小结节和小水疱，丘疹。破溃后流出淋巴液和血液，以后形成灰色痂皮。患部皮肤剧痒，数日后病变蔓延至头、肩和背部等。病鹿日渐消瘦，脱毛，若不治疗，最后常衰竭死亡。本病传播迅速，病死率高。

（2）预防　发现有患鹿及时拨出，对圈舍的墙壁、场地、饲料用具等用杀虫脒、蝇毒磷或溴氰菊酯，浓度0.1%，喷洒消毒。

（3）治疗　治疗本病应首选阿维菌素。1%浓度时，每50千克体重肌内注射1毫升。用伊维菌素，剂量可加大1倍。试验表明，上述两种药对本病有特效，不易出现中毒。用药7～10天，瘙痒明显减轻，15天便有新毛长出。

七、鹿茸的初加工技术

（一）鹿茸的收割

2岁梅花鹿以收二杠茸为主，3岁可收三杈茸或二杠茸，4岁以上收三杈茸。个别鹿茸主干短，顶沟长，嘴头扁平，丛生茸、掌状茸、多枝茸应收四等三杈茸。砍头茸的分枝应粗大肥嫩。马鹿以收三杈茸为主。对于生产能力强，茸大、形状规整，嘴头肥嫩的可收四杈茸。

1. 收茸时机　鹿茸是名贵药材，必须在骨化前的生长阶段收获。适时收茸是保证鹿茸质量和产量的重要技术措施。

梅花鹿二杠茸是以二杠成形，主干顶端饱满时为佳。对于短而粗的主干茸,可在顶端放扁时收,但不能扭嘴,不能拉沟;三杈茸是茸成三杈,从背后观察以主干顶端不拉沟为度。粗大肥嫩的嘴头可适当放大些,但也不能拉沟。初角茸普遍采用"墩基础"收茸法。即在初角茸长出 3～5 厘米时,距角柄 2.5 厘米以上处锯下。这些鹿大部分能长出分支的鹿茸,可在茸成二杠或三杈形、顶端饱满时锯下,称为初角再生茸。

马鹿三杈茸应在茸成三杈形,即四杈茸分生前从背后观察以主干顶端不拉沟前收获。四杈茸在茸成四杈形,以主干顶端钝圆时收获。无论马鹿、梅花鹿的四杈茸都应在主干顶端钝圆时收获。若顶端穿尖,则骨化程度太大,价值降低。

2. 收茸时鹿的保定方法 近年来各鹿场普遍采用化学保定法,即麻醉锯茸。通常使用的麻醉剂有司可林、静松灵、隆明、眠乃宁、保定宁等。以眠乃宁效果最好,其作用迅速,安全可靠,用量小,使用方便,并且有解药。梅花鹿用眠乃宁 1.5～2 毫升,马鹿用 2～4 毫升。用吹射式注射器在距鹿 3～5 米处吹射注入,或用长柄注射器注入均可。注射部位是颈部或臀部肌肉。用药后 5～7 分钟垂头,站立不动或摇摆不稳,有的伸舌流涎,10 分钟左右前肢跪倒,后躯缓缓卧地,侧卧熟睡,肌肉松弛,60 分钟左右自动苏醒。锯茸完毕后,可肌内注射苏醒灵 3 号或 4 号 2～4 毫升,一般 5 分钟内即可起立。

3. 锯茸 锯茸应选在早喂之前。锯茸前骨锯或铁工锯要用 0.1%新洁尔灭溶液消毒 30 分钟,再用酒精棉球擦涂。然后将接血盘固定在角根部,掌锯人一手持锯,另一手握住茸体,在珍珠盘上方 2～3 厘米处将茸锯下。锯茸速度要快,动作要轻熟,防止茸皮破裂。茸根留茬必须保持平整,不准损伤角基。角基受到损坏,影响鹿茸生长,而且翌年易产生怪角。锯茸后,从锯口处流出多量茸血,甚至形成血流,所以一方面收集茸血,另一方面是在锯口上涂止血消炎药。

常用的止血药有多种：①七厘散 250 克，氧化锌 250 克，混合成粉末备用；②生白附 600 克，防风、羌活、白芷、天麻、天南星各50 克，共研成末，止血时加入适量氧化锌。但药物止血，目前都不理想。因鹿茸血管很多，断端止血按压数分钟，使药和血小板发生作用，才能止住血。现行方法是将止血药散布到长 12～15 厘米的纱布敷料上，用手托着扣在锯口上，用干马兰草绳结扎即可。收砍头茸时，先将鹿麻醉，将头部向前平伸，在第二颈椎处切开皮肤和动脉血管，放完血后，沿刀口将颈皮做环形切断，再把肌肉横向切开，从一、二椎间将头部割下即可。

（二）鲜鹿茸的加工与存放

1. 鲜茸的低温处理

（1）编号登记 将收取的鲜茸锯口向上立放，防止茸内血液流失，送到加工室按鹿号、茸别进行编号，称重登记，填写鹿茸加工登记表。

（2）刷洗和水煮 将准备冷冻的茸浸入沸水中（锯口不沾水）30～40 秒，取出刷洗茸皮上的污物，检查茸体，如无异常现象，则继续煮炸 4～6 次，每次入水 30～40 秒，茸的眉枝的主干下 1/3 处应减少水煮时间。水煮后擦干茸皮上的水分，冷凉 1～1.5 小时。

（3）鹿茸的冷藏 将冷凉后的鹿茸平放在 −15℃～−20℃ 的电冰柜或冷库中冷冻。如不在 24 小时后进行烘干，可将温度调至 −10℃～−15℃ 进行较长时间的鲜茸冷藏。

2. 加 工

（1）解冻 将冷藏的鹿茸按茸别、茸重取出，放在 20℃～30℃常温下进行解冻 10～20 小时，使茸体内、外温度一致。解冻好的茸加工成成品茸后，茸的间质层和髓质层血色素分布均匀且血色一致。否则，便出现两种颜色，茸的髓质层由于没有能及时干燥且易发霉变质。

（2）烘　烤

①第一次烘烤　将解冻好的茸或未经冷冻的茸（用烧红的烙铁烧烫封好锯口）平放或锯口朝下立在 70℃～80℃ 的烘干箱中烘烤。使用电烤箱应在烘烤过程中进行通风排潮处理。烘烤时间应视茸的大小，老嫩程度灵活掌握。一般茸烘烤 2～3 小时后取出擦净茸表污秽，送到风干室锯口朝下立放或平放冷凉 1～2 小时。

②第二次烘烤　将冷凉后的鹿茸，按第一次烘烤的温度和时间进行烘烤。烘烤后取出轻轻擦掉茸下的油垢，送到风干室立放或平放风干至第二天。

第二至第五天，在烘烤前进行水煮 3～5 次，每次入水煮炸 30～50 秒，冷凉后放入烤箱，每天按第一次烘烤的方法烘烤 1 次。

第六天以后，隔日或隔几日水煮茸头后进行烘烤，烘烤温度 70℃～80℃，烘烤 1～2 小时。擦掉茸皮上的油垢，送到风干室中风干。烤到茸内含水量在 25%～30%（约八成干）时停止烘烤，以风干为主。

（3）煮头　经过 7 次烘烤的鹿茸，在风干过程中要注意检查，发现茸头发软或有黏性感，要及时进行煮头，每次煮炸茸头（扈口不要沾水）30～50 秒，煮炸 5～8 次，直到茸头有弹性为止。煮头的目的是保证茸头饱满，提高嘴片（蜡片）的质量。

3. 存放　将加工好的鹿茸用温肥皂水擦净茸皮上的油垢，然后再用温水清洗（锯口不要沾水），擦掉茸皮上的水分，晾干称重，装入木箱或特制的纸箱内封箱，置于干燥处存放。

4. 注意事项　①鹿茸在烘烤过程中，加工人员要适时对箱内的烤茸进行检查，发现异常应及时处理。②烘烤时发现茸从锯口处流血要及时再次封锯口。③防止鼓皮。在 2～4 次烘烤中，易从主干弯曲处扈口鼓皮，发现鼓皮应停止烘烤马上处理，用注射针头从鼓皮处下缘刺入皮下，以排其内容物。待茸皮稍凉后，垫纸，用绷带轻轻地缠紧，压实茸皮，再烘烤或送到风干室冷凉。待冷凉后及时将绷带解下。④防止臭茸。鹿茸在前两次水煮时茸根部留有生皮,烘烤时温度低烤得不透、不及时、风干室潮湿或连续阴雨天,在通风不良的情况下,易出现糟皮,造成腐败发臭。因此,应按照加工规程烘烤。风干室应经常保持干燥、通风良好。⑤鹿茸在烘烤加工第四次前,严禁在冷凉风干时将锯口朝上倒吊风干。因此时茸内血液尚未完全均匀地凝固在茸内的间质层和髓质层中,如倒吊风干易造成茸的主干下 1/3 处无血色,影响带血茸的质量。⑥防止空头和瘪头。煮炸茸头不及时,易造成空头和瘪头,因此要按加工要求及时煮头。

(三)梅花鹿二杠锯茸带血加工方法

二杠锯茸带血加工方法,可参照三杈锯茸带血加工方法的全过程进行。其主要不同点是:因二杠锯茸重量轻、茸内含血量少,因此在煮炸的时间和入水次数及烘烤时间上,要比三杈锯茸减半即可。其次是二杠锯茸经加工茸尖基本干燥时需进行顶头整形加工。加工方法是把主干茸头和眉枝尖浸入沸水中 2～4 厘米,经反复水煮,待茸头变软时擦掉茸体上的水,加工人员手握茸的主干,将茸头对着平整的墙壁或木柱等,缓缓用力揉顶茸头。经 2～3 次煮头、揉顶,使之大小两个茸尖分别向扈口方向呈握拳状。

第十七章　林蛙规范化养殖技术

　　林蛙是我国东北长白山脉东北部山区特产,纯野生动物,亦被称为哈什蚂(哈士蟆),是我国名贵的集药用、食用、保健于一身的珍稀两栖类动物,与猴头、熊掌、飞龙并称"四大山珍",被誉为深山老林珍品。林蛙与蛤蟆和田鸡完全是不同源动物,惟我国仅有,属于国家二级保护动物,被国家环保部和中华人民共和国濒危物种科学委员会列入《中国濒危动物红皮书》。林蛙以其特有的药用价值与营养价值日益被人们所重视,成为蛙类中经济价值最高的一种。其产品是出口创汇、发展经济、活跃市场、丰富人民生活和治病健身的稀缺药用资源。

一、林蛙自然分布

　　林蛙(*Rana temporariachensinensis* Darid)属于两栖纲(Amphibia)、无尾目(Anura)、蛙科(Ranidae)、蛙属(Rana)动物,俗称哈什蟆、红肚田鸡、黄蛤蟆、雪蛤,广泛分布于我国各地,如黑龙江、吉林、辽宁、河北、山东、河南。在安徽、江苏、四川、湖北、山西、陕西、宁夏、内蒙古、甘肃、青海、新疆、西藏等省、自治区也有分布,以东北三省为主要产区。

二、林蛙应用

　　林蛙应用领域非常广阔,集食补、药用、美容三位一体,通过现代化高科技手段进行深加工,其功能更是大为提高。随着人们对其价值认识的不断深入和人民生活水平的日益提高,人们对自身保健需求的强烈需求,林蛙油及其加工产品越来越受到人们的重视,产品日趋供不应求。

(一)药用价值

林蛙全身可入药,特别是林蛙油,更因稀少而珍贵,富有滋补软黄金的美誉,在我国清代被列为皇宫贡品。林蛙油又称为哈什蚂油,为雌性林蛙输卵管的干制品。林蛙油味甘、咸、性平,具有补肾益精,健脾益胃、滋阴补肾、润肺生津等功效,是一种营养保健价值极高的滋补品和药物。

研究表明,林蛙油具有以下药理作用:①可调节人体内分泌,具有明显的抗疲劳作用,可增强机体免疫力。②显著的镇咳祛痰作用。③对运动失调的调节作用。④抗脂质过氧化作用。⑤抗衰老、滋阴养颜作用。⑥对机体免疫功能和应激性能的影响,可增加机体非特异性免疫功能,提高特异性细胞免疫功能,增强体液免疫功能。

林蛙卵的药理研究起步较晚,但有限的研究资料已明显表明,林蛙卵具有很强的抑制血小板聚集、降低血脂、抗自由基和抗氧化作用,减少体内过氧化脂质的生成,对高血脂、脂肪肝具有明显的防治作用,是很有前途的防治动脉粥样硬化及心血管疾病、抗血栓、抗衰老的药物,现已应用于临床研究。

(二)营养价值

林蛙肉质细嫩,味道鲜美,营养丰富,易为人体消化吸收,是高蛋白、低胆固醇的食品,已成为备受人们青睐的高级佳肴,适合于各类人群,特别是体弱多病者及老人食用,具有很高的食补价值。经烹调林蛙肉能释放出大量的肌溶蛋白及氨基酸等含氮浸出物,因而味道香浓。因其味道鲜美、营养丰富,在明、清两代已成为贡品,被列为宫廷"八珍"(参、翅、骨、肚、蒿、掌、蟆、筋),"四大山珍"

（熊掌、哈什蟆、飞龙、猴头）和"东北新三宝"（哈什蟆、红景天、不老草）之列。

林蛙油不仅具有较高的药用价值，而且有很高的食用价值。林蛙油中含有蛋白质 56.3%、脂肪 3.5%、矿物质 4.7%、无氮有机物 27.5%，并含有人体所必需的 18 种氨基酸、13 种微量元素、9 种维生素、4 种激素和多种复合多肽等活性因子，是男女皆宜的保健品，被广泛应用于保健和膳食，用以烹制多种菜肴，是宴席上的美味佳肴。史书"辽海丛书"中记载：哈士蟆形似田鸡，腹中油如粉可做羹，味极美，惟兴京一带有之。实践证明，食用林蛙油对提高体质、增进健康有明显的效果，而且无副作用。除单独食用外，还可制成糕点、糖果、饮料等美味佳肴，如清汤林蛙油、凉拌林蛙油、拔丝林蛙油、林蛙油面条、林蛙油饮料、林蛙油蛋糕等。

（三）生态效益

据统计，1 只林蛙 1 年能捕食各种害虫 3 万多只。它专食活动的昆虫或蠕虫，通过胃检发现，林蛙胃中出现的食物种类达 6 纲 13 目近 60 种，其中以昆虫纲为主，主要为鞘翅目、直翅目、同翅目、双翅目、半翅目，其次为蛛形纲蜘蛛目软体类的田螺和蜗牛。林蛙主要生活在针阔混交林下，林区害虫可满足其生长所需的大量食物。林蛙贪得无厌，几乎不加选择地捕获力所能及的所有昆虫，因此林蛙又有著名的"森林卫士"之称，尤其对于林区落叶松毛虫的防治来说，有着重要的生态学意义。

三、林蛙的生物学特性

（一）林蛙形态

林蛙体态匀称，雌蛙体长 7～9 厘米，雄蛙较小，体长 4～7 厘米;头呈三角形,长宽约相等,扁平;口宽阔,吻端钝圆,略突出于下颌,吻棱较明显;雄蛙咽侧下有一对内声囊,鼓膜显著,明显大于眼径之半,锄骨齿位于内鼻孔后方,呈现两短斜行;眼后线有黑色三角斑;躯干短宽,体色随季节而变化,秋季体背多为黑褐色或褐色,少数为土黄色,夏季多为黄褐色,背部有"人"字形黑色斑纹;皮肤上细小颗粒很多,口角后端颌腺十分明显,背侧褶在颞部不平直而成曲折状,在鼓膜上方侧褶略斜向外侧,随即又折向中线,再向后延伸至胯部,两侧褶间有少数分散的疣粒,在肩部排成"∧"形;腹面皮肤光滑,雌蛙腹面呈红黄色,稍带灰白色斑块,雄蛙腹面为乳白色或黄白色;前肢粗壮、较短,具四指,指较细长、末端钝圆,指间无蹼;雄性前肢粗壮,拇指内侧有发达的黑色垫;后肢长而细,为前肢的 3 倍,蹼发达,关节下瘤明显。

(二)林蛙生活习性

水陆两栖生活,林蛙冬眠过后,从 5 月初至 9 月末营陆栖生活,大致可分为上山期、森林生活期和下山期 3 个阶段。

1. 上山期　成蛙生殖和生殖休眠后,从 5 月初至 5 月中下旬这一段时间为上山期。成蛙与 2 年生幼蛙 4 月末从冬眠河流(场所)出来后,在陆地土壤中经短暂休眠上山;1 年生幼蛙从 6 月中旬变态后 15 天左右,即广泛分布于山林中。林蛙喜欢沿小溪、沟谷附近的潮湿植物带上山。

2. 森林生活期　5 月中下旬至 8 月末为林蛙的森林生活期。在这一时期,林蛙分散栖息在林下,完全营陆栖生活,其活动范围常以冬眠和产卵场所为中心,为 1～2 千米。一般是不越过高山岭的。

3. 下山期　9 月初至 10 月初为下山期。从 9 月份开始,气温开始逐渐下降,当气温下降至 15℃ 左右时,成蛙开始从山上向山下转移。先下山的成蛙并不立即下河,而是暂时在溪旁的草丛或田间活动、取食。大批成蛙可在 1 周内转移到山下,转移行动通常在夜间,从傍晚持续到深夜。当气温降至 10℃ 以下时,植物枯死,昆虫蛰伏,林蛙也就潜入水中开始冬眠。

(三)冬眠习性

冬眠是林蛙的生活习性,是林蛙长期在自然条件下,逐渐形成的本身固有的节律性行为,是林蛙抵御外界不良环境的一种适应。

林蛙的冬眠期从 9 月末 10 月初开始至翌年的 4 月初或 4 月中旬结束,大致 6 个月。林蛙的冬眠主要受温度变化影响。开始冬眠时,气温需在 10℃ 以下,水温在 10℃ 左右,高于这个温度,林蛙不入河冬眠,已入水的林蛙还要爬上岸,待水温下降时再入水。林蛙的冬眠可相对划分为四个时期,即入河期、散居冬眠期、群居冬眠期和冬眠期。

1. 入河期　从 9 月下旬开始至 10 月中旬结束,为期半个多月。林蛙在这个时期从陆地进入水里过冬,这时的气温和水温在 10℃ 以下,否则林蛙不入水冬眠。虽然林蛙的入河期可持续半个多月,但正常情况下,大批入河时间主要集中在 2~3 天夜间完成,约占林蛙总数的 50％ 以上。但并非所有的年份林蛙都集中入河冬眠,有的年份,不出现适宜的气象条件,如不降雨、降雨过早或过晚等,则林蛙集中入河的现象不明显或不出现,而是分散地陆续入河。

2. 散居冬眠期　从 10 月初开始至 11 月初结束,约 1 个月时间。这一时期的特点是:林蛙分散冬眠广泛分布于水体各处,无论激流或缓流,深水或浅水,水边或河心,都有林蛙栖息。但主要还是分散在小河或溪流的较浅水域,大河或深水湾里林蛙数量较少。

冬眠的林蛙潜伏在各种隐蔽物里,如石块下、树根里或水草间等。林蛙在散居冬眠期是不稳定的,经常从隐蔽物中出来,变更栖息场所。

3. 群居冬眠期　从 11 月之后至翌年的 3 月中下旬,大约 5 个月左右的时间。在这一时期,林蛙有明显的集群现象。集群是林蛙冬眠的特点,是一种特殊的冬眠现象,即集体冬眠。几十只甚至成百上千只林蛙集中到一个冬眠场所(如树洞里、大石块下面的空隙等),相互拥挤,堆积在一块儿,形成一个林蛙堆或林蛙团。群居冬眠可以看作是动物的一种适应现象,许多林蛙集中在一起,有利于降低新陈代谢,减少体内物质和能量消耗,这对保证林蛙安全越冬,保证生殖细胞发育成熟,都具有重要的生物学意义。

群居冬眠并不意味着所有的林蛙全部集群。实际上集群林蛙是冬眠林蛙中的一部分,其余大部分林蛙仍处于分散冬眠状态。

群居冬眠期林蛙的栖息环境与散居冬眠似不同,这时的林蛙主要集中在深水区域或不结冰的缓水区域越冬。在通常情况下,林蛙对冬眠的栖息场所有选择性,能够比较准确地找到安全的越冬地点弥补因河水干涸而死亡。但在异常的情况下,如特殊干旱缺水的年份,也可能出现因河水冻干,造成林蛙大量被冻死的现象。

东北原生态野生林蛙在群居冬眠期与冬眠其他时期不同,这时的林蛙处于深沉的冬眠阶段,不经人为触动,不出来游动,但当人们翻开石块或触动蛙体时,林蛙仍能较快地苏醒过来,并做缓慢游动。

群居冬眠的林蛙群体中,个体位置经常变动,常常是外面的蛙到里面,里面的蛙钻到外面,整个群体处于不断的变动之中。

4. 冬眠活动期　从 3 月末至 4 月上旬,约 10 天左右时间。这一时期的主要特点是从生态方面看,林蛙处于活动期。冬眠群体分散,分散冬眠的林蛙也从冬眠场所出来,在河里短距离游动。虽然活动,但不上岸,仍然在水中生活。从生理活动方面看,此时雌蛙处于卵期,卵细胞从卵巢跌落体腔,经输卵管进入子宫;雄性精巢发育,大量精子发育成熟,为繁殖期做好生理准备。林蛙生殖腺的变化,可能是促使其在水里活动的主要因素。

(四)林蛙摄食习惯

林蛙以昆虫为主要食物,也摄食蛛形纲、多足纲动物及藻类或水中浮游生物等。据观察,蛙眼极端近视,发现食物的距离为30～40厘米,40～50日龄蛙视力仅为5～10厘米。成蛙的有效捕食距离为10～20厘米,幼蛙为2～4厘米,蝌蚪则是用口器吸食物。

成蛙在盛夏时节食量很大,1天能捕食100多只昆虫,有的可多达200～300只。蝌蚪每只每天能食100余个孑孓。

(五)林蛙繁殖特性

林蛙2年性成熟,每年的4月上旬至5月中旬,约1个月左右的时间,是林蛙出河、抱对和产卵的时期,即繁殖期。林蛙具有繁殖快、生长期短、易饲养等特点,1只2年生雌蛙可产卵1000～1500粒,3年生雌蛙平均每只产卵1800粒,四龄以上林蛙平均产卵2300粒。

每年春季气温达到5℃以上时,冬眠的林蛙逐渐解除冬眠开始苏醒,从石块、树根等隐蔽物下面出来,陆续登陆进入产卵场,找到安静处,雌雄抱对,水中产卵。卵子在水中受精,受精卵在水中1周左右的时间发育成蝌蚪,蝌蚪经变态成幼蛙。

1. 出河 林蛙出河产卵的时间,一般在4月上旬至4月中旬。在辽宁省,林蛙开始出河的时间是4月上旬,即清明节前后;在吉林省,林蛙开始出河的时间是4月中旬;在黑龙江省还要推迟几天,出河的结束时间一般在4月末或5月初。

林蛙解除冬眠出河主要受气候条件的变化制约,出河的适宜温度是气温5℃以上、水温3℃以上。林蛙的出河高峰,一般出现在气温较高,气压较低,湿度大,无风或微风的降雨天气。一般从下午 16 时开始,到凌晨 2 时左右结束。出河高峰是在夜间 20～22 时,午夜零时之后出河数量急剧减少,2 时左右基本结束。

林蛙的出河方式是:雄性先出河,雌性后出河,雄性直接从河流出来上岸,经陆地转入产卵场,雌蛙一般多数顺水漂流一段距离,然后上岸奔向产卵场。

2. 抱对　林蛙出河之后,雄性首先进入产卵场,开始鸣叫,以吸引雌性前去抱对。其鸣声似婴儿啼哭,鸣叫的高峰时间是在夜间 22 时至零时时。但在产卵场内雄性追逐雌性时则发出另一种鸣声,声音短促而宏亮,一边追逐一边鸣叫,雄蛙与雌蛙抱对之后大多停止鸣叫。

抱对的时间长短不一,一般为 5～8 小时,但也有长达 1 天或几天的情况。抱对时多在浅水处,伏在岸边,或伏在水中的草秆及树枝上,头部露出水面,也有的进入深水区沉入水底,但经常浮上水面呼吸。

3. 产卵　林蛙在经过一定时间的抱对之后,即开始排卵。林蛙产卵的最低水温为 2℃,最适宜产卵水温为 10℃,一般以外界环境温度接近 10℃为宜。

林蛙对产卵场具有一定的选择性,主要选择水层浅、水面小的静水区产卵。林蛙产卵场的水深一般都在 1 米以下,通常在 20～30 厘米。水面一般为几十平方米,小者不足 1 平方米。产卵场的水面必须是平静的,即使轻微流动,林蛙也很少在其中产卵。林蛙也极少到大水面或水库或水深超过 1 米的水域中产卵。

林蛙在产卵的时候,对水面的大小,水层的深浅,是否静水等有选择性,而对产卵水坑的水源状况无选择性,无论是永久性泡沼或临时性水洼,只要符合其产卵要求,就可在其中产卵。在永久性泡沼所产的卵团,能正常孵化成蝌蚪,变态成幼蛙。产在临时性水洼的卵团,多数在不同发育时期因水洼干涸而死亡。

一般情况下林蛙多在凌晨产卵,每次只产 1 个卵团,每年产卵

1次。刚产出的卵团有巴掌大小,卵块的卵粒是黑色的,卵团为透明体,似网状,圆形,下沉。卵团吸水膨胀后浮于水面,布满产卵场水面,并且也分布在深水区的水面上。雌蛙的产卵数量随年龄有明显差别,二龄林蛙平均产卵1 300粒,三龄林蛙平均产卵1 800粒,四龄以上林蛙平均产卵2 300粒。

四、林蛙人工养殖技术

我国从20世纪50年代开始进行林蛙人工养殖管理和围栏养殖试验,至20世纪80年代末期,已建立了一套成熟的半人工养殖体系,进入20世纪90年代以来,对全人工养殖进行了试验性研究,从而使林蛙生产进入了集约化、产业化、高密度、短周期的新阶段。中国林蛙人工养殖的广泛开展,不仅满足了市场对蛤蟆油的需求,同时对生物多样性的保护也起到了积极的促进作用。

(一)养殖场地的选择

林蛙是水陆两栖动物,以昆虫为主要食物,也取食藻类或水中浮游生物等,因此场地应选择设在有充足水源、植物资源丰富的地方。蛙场可设在有水源的依山林地或植被良好、植被种类丰富的平地上。

养殖场内必须有充足的水源且水质良好,以保证林蛙繁殖期和蝌蚪变态期的生活用水。林型应为多年生阔叶林或针阔混交林,林龄越大越好,林木的空间层次应有乔木层、灌木层、草本植物层和枯枝落叶层,林内郁闭度最好在70%～80%。土质要良好,保水保肥,通气性好,以利于场内的植物生长,也有利于多种天然昆虫的繁殖,为林蛙提供天然食料。

自然保护养殖林蛙最好选在有充足水源的两山夹一沟地带,沟底要稍平坦,这样有利于建设三池及看护房等,也利于幼蛙上山前的捕食活动。

(二)养殖场的建设

林蛙养殖场的建设,简单地说就是"四池一厂一圈"的建设。四池是指晾水池、孵化饲养池、变态池和越冬池(窖),一厂是指人工饵料繁育厂,一圈是指标准化的林蛙饲养圈。

1. 晾水池　它的主要作用就是为养蛙生产储备温度适宜、水量足够的生产用水。晾水池应建在地势较高的地带,以方便池水的排放,供养蛙生产之需。晾水池蓄水量的多少应视生产规模的大小、用水量的多少而定,但晾水池的水位不宜超过 1 米。因为晾水池内储备的水,在蝌蚪孵化、饲养期间,主要是为孵化饲养池供给水温适宜、溶解氧丰富的正常用水。如果晾水池的水过深,池水温度相对较低,与孵化饲养池内的水温差异大,对蝌蚪的孵化和饲养不利,甚至使蝌蚪死亡。如果蛙场内有天然的小溪、池塘、人工鱼池等,也可不建晾水池,而借用上述水体取代晾水池,供林蛙养殖生产之需。但必须保证水质优良、无毒、无污染,水温适宜。

2. 蝌蚪孵化饲养池　主要用于产卵、孵化及蝌蚪生长之用。建池的基本原则是经济实用,管理方便。1 个长 2.5 千米的养蛙场,饲养池面积应在 800～1 000 平方米。饲养池应建在向阳背风,光照好的地方,以利于提高水温。一般池子规格为 4 米×4～6 米。

饲养池的具体建法:一是池坑,要修成中央深边缘浅的锅底形或倾斜式平底形,池子深处 40 厘米,浅处 10 厘米。池子中央要修安全坑,深 40 厘米,直径 50 厘米。二是池埂,底宽 50 厘米,顶宽 30 厘米,高 40 厘米,并要打实。三是水口,是排、灌水的通道,一般水口宽 20 厘米左右,进水口应高于池水面,出水口深度应与水层深度一致,建议进、出水口采用对角线式,有利于快速更新池水。水口处要安装阀门控制水量,出水口要安装栏网,网前放把草或障碍物以缓冲水的流速。另外,饲养池建设一定要防洪。养 109 万只蝌蚪要建 200 平方米的饲养池即可。

3. 变态池 变态池是根据林蛙变态发育的生物学特性,在其变态发育阶段,为了便于林蛙的饲养与管理,使幼蛙能顺利登陆上岸,而在蛙圈中设置的水池。设置变态池的好处在于:①适时分池,有利于蝌蚪变态及管理。②变态池不同于其他几种池,池壁坡度要小,有利于变态之后的幼蛙登陆上岸。③降低蝌蚪饲养池的蝌蚪密度。④分池变态上岸,降低死亡率,提高成活率。⑤圈内幼蛙分布均衡,便于饲喂和管理。

变态池应设在各蛙圈之中,每圈设 1 个变态池,位置通常在蛙圈的中央区域。修变态池的原则是要小、多、散,以利于幼蛙在山上的均匀分布,并能缩短幼蛙的上山路径,提高变态幼蛙成活率。变态池的形状要因地制宜,一般 10~20 平方米为宜,中间水深 35 厘米,边缘水深 10 厘米左右,池埂要比饲养池宽,并形成缓坡状,以利于幼蛙上岸。变态池周围应多放些树枝枯草、马粪等,并注意保持其湿度,以利于幼蛙遮荫和诱引昆虫。变态池上设供水管线,下设排水管线,排水管线应选择孔径大的,防止杂物及泥沙等阻塞管道,而影响林蛙养殖生产。实践证明,排水管径选用直径 10 厘米的下水管道效果很好。变态池内的管道口用网罩封严,每个变态池投入蝌蚪量在 20 000 尾左右。

为了节约用水及养护费用等,也可用饲养池代替变态池。具体做法是在蝌蚪变态前在饲养池周边大约 3 米远处,用 1 米高塑料布围成围墙,并在池子与围墙之间铺满 2~3 平方米的塑料布,上面铺上十几厘米厚的鲜蒿草,并每天向蒿草洒水,为幼蛙上岸提供生长栖息环境。当幼蛙大都上岸时,两人轻轻将每块塑料布兜起,送到指定的放养区域内。实践证明,这种方法也是非常可行的。

4. 越冬池(窖) 在自然环境条件下,林蛙惟有冬眠,才能度过漫长而寒冷的冬季。人工养殖林蛙,特别是在当地人工养殖中国林蛙,尚不能打破其原有的冬眠习惯,而应依据林蛙越冬的自然环境条件,模拟创建林蛙越冬的人造环境,让林蛙在人造环境中顺利冬眠,安全越冬。

修建越冬池是辅助林蛙越冬、减少林蛙死亡的重要措施。越冬池的修建最好是因地制宜,顺着河道一侧拓宽形成小水湾,并适当挖深,深度以冬季结冻后冰下有 1.5 米左右的活水为宜,完全封闭后,在上、下各留有水口,水口要安装阀门和安装拦网,上、下两头的水口与河渠相通,使池内水呈流动状态,利于给林蛙供氧。池内放置一些石块、树枝等供其栖身之用。

越冬池的位置、数量、大小、形状不定,可结合当地具体情况,如河流走向、放养面积、地势等而有所不同。但有研究表明,越冬池面积也是以小面积的小湾型越冬池越冬效果最好,而大面积的越冬池不但成本高而且越冬效果也差。越冬池建造的规模大小,可视越冬林蛙的数量而定,基本原则是林蛙宜疏不宜密。以平均每平方米睡眠分布 500～1 000 只林蛙为好。养成蛙 5 万只,幼蛙30 万只时,可建长 40 米,宽 20 米的越冬池。

采用土窖越冬也可以,但对人造林蛙越冬窖有严格要求。建窖之处必须背风向阳,地势高,地下水位低。窖底须设有排水管道,以确保窖内无积水。

具体建造方法如下:在养蛙场内适合之处挖窖,窖深要在 2 米左右,长、宽 3～5 米,窖底四周用砖砌成 50 厘米高的池壁,池角砌成圆角,池底铺垫 10 厘米的沙石层,沙石层上填充 10 厘米厚的经浸泡的天然植物阔叶或农作物秸秆,池面用铁纱网封罩严密,防止老鼠侵入。铁纱网上放置干湿温度计,以便于检查窖内湿度高低。池面上方设置喷雾增湿装置,以维持窖内湿度。窖内的池面上还要用木板搭建观察通道,以便于检查林蛙的越冬情况。在窖的上口处,搭建具有保湿性能的封盖,封盖上设有检查口和通风孔等。

密度以 500～800 只/米² 成蛙较适宜。

5. 人工饵料繁育厂 它是全人工养殖中国林蛙必须具备、不可缺少的。养蛙所饲喂的活性动物饵料——黄粉虫,就是在这里繁育生产出来的。人工饵料繁育厂厂房最好是坐北朝南,有通风、控温、控湿及遮光设施。如果有闲置的或空闲的居室也可作为人工饵料繁育厂。一般情况下,20 平方米的房间能养黄粉虫 300～500 盘。有关饵料厂的生产规模及其厂房大小,可根据林蛙的养殖数量而确定。

6. 林蛙饲养圈 蛙圈应建在地势相对平坦的地带。在建圈前将地表的植物清除,仔细检查是否有鼠洞,如果有必须将其彻底清除,以防止老鼠被圈在圈内而咬食林蛙。另外,根据养蛙实践,栽种过平贝母的土地或土壤中拌过高效灭虫剂的土地,不宜建设林蛙圈,否则残留农药可将林蛙毒害致死。为了便于林蛙的饲养与管理,蛙圈的建设规格通常为 10 米×10 米,建设蛙圈的数量,要依据蛙场的生产规模、活性饵料的繁育能力、投入资金和劳动力等进行统筹规划,协调生产。林蛙饲养圈的建设包括:防护设施的建设,遮荫蔽雨设施的建设、喷雾增湿设备的建设及给、排水设施的建设。

(1)**防护设施的建设** 主要是指防护围栏,其功能为防止圈内林蛙外逃和防止鼠、蛇等天敌动物侵入圈内。建防护围栏的材料主要是石棉瓦(180 厘米×70 厘米)或镁楞瓦及木料。如果选用石棉瓦做防护圈栏,可以将一整张石棉瓦从中间断为两段,每段 90 厘米长,70 厘米宽。每个蛙圈的规格为 10 米×10 米,其周长为 40 米,共需整张石棉瓦 28 张。因圈角处要建成圆角而不建成直角(防止林蛙逃逸和集堆),又多用 2 整张石棉瓦。所以,建设 1 个林蛙饲养圈要准备 30 整张的石棉瓦,将其分别断为两片备用。在规划好的蛙圈四周埋设木桩,木桩埋入地下深度应不少于 30 厘米,地面上留出 80 厘米高,木桩间隔为 2 米。木桩设定后,用小木方在木桩顶部将各木桩彼此连接固定,而形成1个蛙圈的轮廓。但应注意转角处应为圆角。然后,将准备好的石棉瓦(90厘米×70厘米),紧靠木桩和小木方的外侧镶入土中,瓦片的上缘要求与小木方的上表面平齐,瓦片的光滑面朝向蛙圈内,一片接一片地将整个蛙圈围合起来,但相邻两片瓦之间,不得留有缝隙,必须严密无缝,如果有缝隙,要用水泥等材料将其封阻严密,以防止林蛙外逃。为使围栏牢固耐用,在围栏瓦片的上缘处,用螺丝钉将每块瓦片固定在小木方上。围栏安装固定后,在围栏的上部加设防护帘和防护罩。防护帘可用硬质塑料薄膜制成,即将塑料膜剪成40厘米宽的长条,其总长度要与围栏的周长相等。防护帘安置在围栏上方的小木方上面,先将薄膜附在围栏顶部,薄膜向两侧各延伸出约20厘米长,稍加固定即成防护帘。在防护帘上设置防护罩。防护罩可用"脊瓦",也可用铁皮等材料代替"脊瓦"。如果选用"∧"字形脊瓦,将"∧"字形脊瓦安装固定在围栏上部的小木方上即可。如果选用铁皮等材料,将铁皮等切割成40厘米宽的长条,并安装固定在围栏上部的小木方上,木方两侧各余20厘米长的铁皮,铁皮总长度不小于围栏周长。这样,防护罩和防护帘就安装完毕。养蛙实践证明,防护罩和防护帘的安置,能有效地防止林蛙外逃和圈外蛇、鼠等有害动物的侵入。围栏基部的泥土要抚平压实,在围栏基部的外侧安装电猫防鼠。在安装电猫时,通常用细铁丝,将细铁丝围绕在围栏基部外侧,用绝缘物加以固定,铁丝距地面高约5厘米,细铁丝的两头接到电猫上,电猫如果接通220伏特的电源,就能防止鼠类侵入蛙圈。

为了便于林蛙饲养与管理,在建蛙圈时,在蛙圈四周和相邻两蛙圈间要留出1米宽的通道。通道应平整坚实,用红砖铺设效果更好。

(2)蔽雨设施的建设 中国林蛙具有喜阴暗的生活特性。为满足林蛙这一生活特性,创建适于林蛙生活的环境,在构建林蛙养殖圈时就应拟造出近乎林蛙野生条件下的环境因子,即适宜的郁闭度(65%以上)。一方面,在林蛙饲养圈内栽植一定数量的木本植物,如榆树、柳树等易成活的本地树种,树干直径不得小于5厘米,高度在2~2.5米。通常情况下,蛙圈内栽植的乔木共12株,株距在1.5米左右,形成1个"乔木圈"。整个蛙圈的围栏与"乔木圈"构成了"回"字形。栽植的树木能起到一定的荫蔽作用。另一方面,构建荫棚以达到合适的郁闭度。构建荫棚有以下两种方法:一是在蛙圈增设几排立柱(2米高),立柱上搭棚杆,形成棚架,在棚架上覆盖塑料棚膜或稻草帘。棚杆与圈栏间的空隙,可用遮阳网封堵。若选用大棚膜做顶层,还应外罩遮阳网,方能达到相应的郁闭度。若选用稻草帘做棚顶,稻草帘应能人为卷盖,以调节蛙圈内的郁闭度,而达到适于林蛙生活的郁闭度65%以上。二是不搭建棚架,而是借助栽植的乔木作支架,将遮阳网直接罩在整个蛙圈上,也能达到遮荫蔽日的作用,但防雨功能不强。

(3)喷雾增湿设施建设 林蛙不仅喜阴暗,还喜湿润,没有适宜的湿度林蛙很难存活,因而喷雾增湿是蛙圈不可缺少的设施。喷雾可选用雾化喷头,也可选用喷带,但都需要通过管道与增压水泵相连通,在水泵正常工作的情况下,高压水流可由雾化喷头或喷带喷出,从而达到对蛙圈增湿的作用。选用雾化喷头,每圈设置1个喷头即可;若选用喷带,应将其架离地面50厘米左右。无论选用哪种增湿设施,均以雾化效果好,能增加蛙圈内空气相对湿度为准则,绝不可选用水滴大的设施喷水增湿。

(4)排水设施的建设 水虽然对于林蛙的生长发育影响很大,甚至林蛙离不开水,但是对于陆栖生活的林蛙来说,几乎已摆脱了对水的依赖性,这是林蛙与青蛙等蛙类的明显不同之处,但在人工集约化养蛙生产中,因蛙的密度很大,其排泄物都集中排放到蛙圈中,在高温、高湿环境下,致病细菌等会大量孳生,特别是蛙圈内的积水中,病原体数量会更多,若林蛙到积水中避暑或躲藏,很容易受到病原体的侵染而发病。因而在建蛙圈时,既要设计构建出一定的坡度(圈内地面设计成中央凹陷),又要将凹陷处的积水排放出去。根据实际需要,在圈内的中央凹陷处建成蝌蚪变态池(方法前面已说过),池底铺设下水管线(管以 4 英时为好);排水管与圈外排时水沟相通。但排水管道口处,必须用铁纱网封严密,并且能人为控制水的排放。在蝌蚪变态上岸之后,将变态池内的水全部排出,从而扩大幼蛙的活动空间。同时,也能把下雨或增湿时地面存的水及时排出,确保林蛙不被水浸。

排水设施安置好后,应对圈内地面植被进行规划构建,若野生植被过于稠密,不利于林蛙的活动和觅食,可以人为铲除一部分,达到疏密合理,通风顺畅,遮光适中的目的。若野生植被稀疏,特别是低矮的阔叶植物少,可种植胡萝卜等,也可采集一些带阔叶的植物条放置在蛙圈内,还可以采集植物阔叶铺于蛙圈内,用以取代低层植被。

(5)饲喂台　为了节约人工饲料并有利于林蛙摄食,在圈内四周建一"平台"作为饲喂台,就是用红砖铺成与地面平齐的平台。用红砖建造饲喂台,在增湿后,一般无积水,黄粉虫等活性饵料在饲喂台上可以自由爬行,这样林蛙易发现、易捕食。如果蛙场周围野生昆虫的数量多,可在蛙圈内设置黑光灯进行诱虫喂蛙,每圈可安装 4 盏黑光灯。

以上介绍的是标准化林蛙饲养圈构建的方法及过程,在人工养殖林蛙中,还需要其他辅助用具和设备,如消毒用的农药喷雾剂、测量空气相对湿度的干湿计、水质监测仪、pH 值检测仪和水溶解氧监测仪等。

五、林蛙的饲养管理

林蛙整个生活史中遵循:

出河→求偶→抱对→产卵→孵化→蝌蚪→幼蛙、成蛙→越冬

在每个过程中都存在着养殖上的技术关键,重视每一个环节,必将提高孵化率和变态率,减少死亡率,而明显提高回捕率,大大增加养殖的整体效益。

(一)出　河

林蛙是较低等的两栖动物,属变温动物,它的生活习性受周围环境条件的影响很大,主要是指温度、湿度、水源条件及森林内昆虫状况等。在饲养林蛙时,应特别注意气象条件,雨过天晴后的出河一般在4月中旬,气温较高,气压较低,湿度大的阴雨天气的傍晚至夜间。出河的最佳气温为4℃～5℃,水温为2℃～3℃。

(二)求　偶

林蛙在出河后有求偶行为,主要表现是雄蛙的鸣叫。一般雄蛙比雌蛙早2～3天进入产卵场地开始鸣叫求偶,直至抱对。林蛙的求偶行为是林蛙产卵的信号。

(三)抱　对

当外界温度上升至10℃左右时可将种蛙放入孵化池,投放密度一般为30只/米² 左右。正常情况下,种蛙进入产卵场后一般3～5天抱对产卵。林蛙抱对行为是蛙类特有的具有重要生物学意义的行为,这种行为能够保证卵团的受精率及具有促使雌蛙排卵的作用。此时不要惊扰抱对林蛙,否则影响林蛙产卵的数量、质量及速度。

抱对前的孵化池要喷洒漂白粉进行消毒,喷洒浓度为每升水加20毫克。消毒后24小时开始在孵化池中注入清水。

种蛙应选择没有疾病、身体健康、眼睛明亮、行动迅速的成龄蛙,抱对产卵前用3‰盐水或高锰酸钾500倍液药浴5分钟,然后

投放于孵化池中。1 只雌蛙可产卵 1 000～1 800 粒,1 只雄蛙排出精子有百万、千万,远远超出卵子的数量,而且产卵池中抱对的雌蛙不可能同时产卵,有先后之分,因此为确保繁殖成活率,应适当增加雌蛙的数量。雌蛙、雄蛙的比例以 70:30 为宜。

(四)产　卵

林蛙产卵必须是在中性或弱酸性的水中,pH 值为 5.5～7,最低水温 2℃,适宜水温 10℃。水面要求浅、净、静,水深最好在 15～20 厘米。林蛙产卵数量一般为 800～2 000 粒,蛙龄越大产卵越多。产卵期以 4 月中旬为盛期,凌晨产卵最多,产卵持续时间较短,通常 3～5 分钟。林蛙产卵后进入生殖休眠期,为单独分散休眠,时间为 10～15 天。生理状态类似冬眠。

(五)孵　化

蛙卵的孵化速度与温度极度相关,适宜气温 12℃～14℃,水温 10℃～12℃。孵化同样要求在中性或弱酸性水质中进行,pH 值为 6～7。孵化时要注意池内卵团的数量,卵团漂浮情况等,卵团数量初期每平方米可以放 8～10 团;若孵化与蝌蚪饲养同池进行则每平方米水面以 3 团以下为好。在孵化阶段最好用秸秆枝条等将卵团稳定在一定区域,使卵团均匀分布,有利于孵化。更为重要的是不要将相隔 5 天以上的卵团放在同一池内孵化,否则早出的蝌蚪吃掉自己的胶膜以后就会去吃没有出卵团的其他卵胶膜,从而影响后者的孵化。

孵化池的水面应尽量保持平静,水的剧烈波动会使还没有发育成熟的胎体过早脱离卵胶膜。由于卵胶膜是刚浮出蝌蚪的营养来源,因此胎体过早脱离卵胶膜不利于其正常发育。

在蝌蚪的孵化阶段最关键的是早期防冻问题。针对这个问题,最好采用活动地膜(类似拱棚)的设施,在气温低的时候遮盖上,在气温高的时候打开;或者采用气温低时加灌水量;也可以采用气温低时用草帘等覆盖卵团之上的方法。另外,干燥缺雨时为防止卵团里的胚胎干燥而死亡,可用工具将卵团压入水中或向卵团洒水使其表面湿润。

有些地区对林蛙孵化采用塑料地膜布铺池底或大棚孵化,效果很好,有利于抵抗外界环境条件的变化及防止天敌的侵害。

(六)蝌蚪饲养管理

受精卵在卵团中迅速发育变大,经过 1 周左右的时间,有的就已经渐渐地发育成小蝌蚪了。蝌蚪出生的 1～7 天内以自身的卵黄为营养,不必投喂,这时需多观察,不要急于喂食。如果所在地区气候温差较大,有条件的可将小蝌蚪的发育放入大棚中饲养。蝌蚪变成幼蛙大致需要 50 天的时间,在这一时期里蝌蚪的发育要经过 3 次变态成为 1 只林蛙,完成它从水中到陆地生活两栖动物的进化过程。蝌蚪变态不是完全同步,进入变态期也要少量投喂。可在水面上放一些浮萍等,以利于蝌蚪在草上呼吸。水质要保持清洁,视具体情况加大换水量,保证充足的溶氧量。一般 10 天左右即可完成变态。

林蛙蝌蚪时期的人工饲养是一项基础工作,也是较易人工控制的阶段,在饲养中应注意以下几个问题:一是要注意放养密度。原则是宁稀勿密,一般密度是每平方米水面不超过 2 000 只;二是要注意饲料投放的数量和方法。在孵化成蝌蚪后的前 7 天左右不用喂食物,它们主要啃食卵胶膜。从第八天开始投放饲料,投喂时应以植物性饲料为先,动物性饲料为辅、为后的顺序进行。饲料有豆腐(或细豆渣)、玉米面、山野菜类,椴树叶及猪、鱼、禽或其内脏。蝌蚪饲料投喂时要以熟、软、无毒、经济为原则。投喂时间持续大约 30 天。开始变态时可以停止投喂饲料。在整 1 个月的投喂时期中,前 15 天每天投放 1 次饲料,每万只蝌蚪 1 000 克左右,后 15

天每天投放 2 次饲料,每万只蝌蚪 3 000 克左右。不同蝌蚪饲养池蝌蚪食量有所不同,这不仅与蝌蚪密度、池面积大小有关,还与该池水的质量有关,那些富有适量浮游生物如藻类的池水可以节约部分人工饲料,但藻类等低等植物又不能太多,否则对蝌蚪不利。因此,投放饲料的具体数量是相对的,要细心观察蝌蚪摄食状况以判断饲料是否充足,及时调整饲喂次数和用量。由于蝌蚪有集群行为,为了节省饲料应尽量将饲料置于饲喂台上,将饲料堆放在上面,每隔 80 厘米左右放一堆;三是防止池内缺氧。池内缺氧的现象是蝌蚪将嘴伸出水面吸氧,此时必须注入新水,排出废水;四是要注意蝌蚪间的残杀。在蝌蚪即将变态之时,由于饲料不足,气温过高,水中缺氧会出现蝌蚪间的残杀,防止办法是饲料添足,及时注入新水,控制池水温度在 25℃ 以下。蝌蚪的生长也与温度有关系,最适宜温度为 18℃~25℃,过高过低皆不利于蝌蚪的生长。

(七)幼蛙的饲养管理

林蛙的蝌蚪长出前、后肢后带着较短的小尾巴开始从池中爬跳出来在池外活动。起初集群在阴暗的角落里或其他蔽光的地方,待 2 天左右小尾巴被吸收殆尽。此间可以不饲喂,但必须保持小幼蛙活动区域的湿度,特别是地表湿度。因为幼蛙的生态习性是喜好在向阳的草本植物茂密的、潮湿的、平坦的地方活动。湿度对幼蛙至关重要,是重要的致命因素,最好达到 80%~90%;其次是小昆虫的密度,幼蛙的大批死亡主要源于这两个因素。为增加湿度及昆虫密度可以在池周边放置大量植物枝叶并洒水。另外,幼蛙在阴雨天气判断方向性差,容易造成大批量"过岗"现象,也会给蛙农造成不应有的损失,应及时修筑断土面,拦截幼蛙过岗。

刚变态的幼蛙不要投喂食物,幼蛙的尾巴完全吸收后,则开始投喂 2~3 月龄的小黄粉虫或 1~2 日龄的蝇蛆。早晨、傍晚各 1

次,投喂量以场中略有剩余为宜。幼蛙进池后,每天要及时洒水,场地既要保持潮湿又不能太多积水。洒水时间与喂养时间要相隔2小时左右。阴、雨天可少淋水或不洒水。场地要定期消毒,饵料要多样化。每天巡池,注意敌害:鸟、鼠、蛇等。

放养密度应根据饲养条件和幼蛙规格而定。刚变态的幼蛙每平方米放养200只。饲养1个月后,同池幼蛙生长速度相差很大,应按蛙体的大小进行分池饲养,饲养密度适当降低,否则会产生大蛙吃小蛙现象,从而降低林蛙饲养的成活率。

(八)成蛙的饲养管理

成蛙的养殖管理与幼蛙相同。幼蛙与成蛙的食物都以昆虫为主,幼蛙以鞘翅目的金龟子、天串、瓢虫,膜翅目的小黄蜂、小蜂及鳞翅目的尺蛾等为食;成蛙除上述幼蛙所食虫种外,还有直翅目的蝗虫、蟋蟀、蝼蛄等。为使林蛙的饲养有更好的效益,可人为地在幼成蛙活动范围内,间隔地放置一些牛粪、马粪、豆渣、酒糟、发酵的麦秸等,建立多种昆虫生长繁殖的环境,添补天然昆虫量之不足。成蛙的食量增大,除繁殖部分动物的饲料外,还应引导其吃配合饲料。投料可于每天上午8时、下午16时前、后各喂1次,并要随时清除食物残渣。

南方人工养殖林蛙,避暑防酷热是重要一环。夏季气温超过36℃时,蛙即进入夏眠状态,超过40℃高温时会热死。人工养殖不要让蛙夏眠,可在养殖场内喷水降温、搭荫棚、增加水池的放水深度、勤换新鲜水等。

要定期巡塘检查。如果巡塘观察发现林蛙的生长、发育、摄食等情况有异常,可采取措施。要注意经常检查饲喂台是否有剩饵,以便决定下次的投饵量。在夏季强光照与高温天气时,要检查养殖环境的遮荫环境条件是否满足要求。平时巡塘时要注意观察是否有敌害物,如蛇和鼠类等侵入。要注意检查防逃设施是否完好,发现问题要及时采取措施,避免林蛙外逃。

(九)幼成蛙的越冬管理

10月下旬,气温降至10℃以下时,幼蛙停止摄食,陆续进入越冬池,准备越冬。越冬之前,要加强管理,投喂充足的黄粉虫,使幼蛙增强体质,提高越冬成活率。越冬池底用塑料布铺好,并放石棉瓦、树根等作为隐蔽物。提前用生石灰消毒池水,水深2~2.5米,保持冰下水深1米以上。越冬密度800只/米² 左右。

北方冬天漫长而寒冷,在恶劣环境条件下,北方山区林蛙越冬以水域为主。越冬期间,林蛙新陈代谢速度下降,呼吸次数减少,心脏节律减慢,血管与微血管收缩等生理变化,使林蛙耗氧量逐月递减,这有利于林蛙在水中度过严冬。但影响林蛙安全越冬的不利因素也很多,在长时间冰封情况下,水体内部必然要发生与未封冰前完全不同的变化。随着气温下降和冰层加厚,水温逐渐降至0℃;因冰冻及渗透,水量减少。由于有机物的分解,蛙、鱼等生物的呼吸作用,使水中溶氧量不断下降,二氧化碳含量则不断上升。这些环境条件的变化,对林蛙越冬构成了严重的威胁。因此,必须在提高林蛙越冬期存活率上下功夫。首先,要做好林蛙越冬前的准备工作,如新修越冬池(如前所述),尽量铲除淤泥和杂草,以减少有机耗氧,防止有害气体发生;其次,要满足林蛙越冬期对溶解氧的需要。水中溶解氧的来源有两方面:一是空气中的氧气溶于水中,二是水生植物的光合作用产生氧气。但水面冰封后,水与空气的接触被冰隔断,空气中的氧不能溶于水中,靠空气补充溶氧的来源断绝了。很多越冬池内没有水生植物。即使有水生植物,由于山区冰层厚,直接影响水生植物的光合作用,靠水生植物的光合作用产生氧气也不大可能。所以,越冬期林蛙死亡的主要原因是缺氧窒息而死。据多年观察,活水越冬池问题不大,因自然流水不断,水中溶氧量可以及时得到增补,所以冬季不会发生成批死蛙现象。目前,人工养殖林蛙的越冬池多数为死水(也叫止水)越冬池。冬天水源干涸,没有活水流经越冬池,溶解氧得不到补充,水中含氧量的降低速度逐月加快。至 1 月份水中含氧量仅 4 毫克/升(林蛙正常越冬需氧量为 6 毫克/升)左右。特别是蛙在水的底层越冬,而池水缺氧往往是先从底层开始,水中的溶氧量上多下少,对林蛙越冬期的威胁非常大。

解决越冬池溶解氧不足的问题,可采取以下 3 种方法:一是越冬池蓄水量要充足,秋分前后要蓄满水,水深不低于 2.5 米,水面面积不能太小;二是蛙、鱼同池越冬时,因蛙、鱼争氧,越冬鱼量应控制在 1 立方米水体 0.2 千克为宜,比正常量减少一半,并要尽量清除野生杂鱼,以减少耗氧因素;三是整个越冬期要精心管理,定时观察蛙的越冬情况。因水生动物对缺氧非常敏感,严重缺氧时(如溶氧量降至 3 毫克/升以下),在冰眼附近可看到剑水蚤、松藻虫、水斧虫、蚜虫等水生昆虫。因此,打开冰眼时,观察水生昆虫是否上游,可作为推断水中溶氧量多少的标志。

严重缺氧时,可采取以下措施:一是注水补氧。抽取附近的水源(井水、河水、库水、泉水)注入到越冬池中。二是打冰眼补氧。冰眼打在深水处,每 667 平方米水面打 1 个宽 1.5 米、长 3 米的冰孔。顺着主风向排开,借风力的作用形成水浪,加速氧向水中溶解,以提高补氧效果。为防止冰眼重新结冰,夜间可用草苫遮盖起来。

六、疾病防治

在林蛙高密度、集约化人工养殖过程中,由于放养密度大,其生活空间受到极大限制,排泄物清理十分困难,蛙圈内的病原微生物明显增多。此外,投喂饵料营养成分不全面,管理技术不科学、不规范等因素,也造成林蛙自身免疫力降低。因此,林蛙从蝌蚪期至成蛙都极易患病。其中，蝌蚪期的疾病防治工作尤为重要，若防治不当，不仅直接影响林蛙的生长发育，也将影响商品蛙的产量和质量。因此，在林蛙人工养殖过程中，蝌蚪期疾病防治至关重要。

(一)蝌蚪期常见疾病防治

林蛙蝌蚪疾病诱因主要有：①内在因素，也就是蝌蚪自身免疫力。蝌蚪自身的免疫力强则患病率低，甚至不患病；蝌蚪自身的免疫力差，患病率就高，甚至全部死亡。增强自身免疫力是预防蝌蚪疾病发生的重要措施，在蝌蚪的孵化、饲养过程中要加强管理，给其饲喂营养丰富的饵料，可有效地预防疾病的发生。②环境因素(包括人为因素)。若无病原微生物侵入蝌蚪体内，即使是体质很弱的蝌蚪也不会患病。但是，在蝌蚪的人工养殖环境中，有许多种病原微生物孳生繁殖。在这种环境条件下，蝌蚪的患病概率大幅度增加，这给人工养蛙业的发展埋下重大隐患。因此，在放养蝌蚪前15天左右，要对蝌蚪孵化饲养池进行彻底消毒。用生石灰(300克/米³)进行全池抛撒消毒。蝌蚪孵化饲养池注水后，还要对水体消毒。用0.5克/米³的硫酸铜和0.2克/米³的硫酸亚铁全池泼洒消毒。

1. 车轮虫病　由原生动物门纤毛纲的单细胞动物车轮虫引起。它寄生在蝌蚪体表和鳃上，以纤毛摆动，在蝌蚪体表滑行，以胞口吸食蝌蚪组织细胞和血细胞。

(1)症状　患病蝌蚪食欲减退，呼吸困难，动作迟缓而离群，常常造成大量死亡。

(2)防治方法　①减少蝌蚪养殖密度，加强营养，预防发病。②发病初期，用0.5克/米³硫酸铜和0.2克/米³硫酸亚铁全池泼洒。

2. 出血病　由多种细菌和真菌感染所致。

(1)症状　已长出后肢的蝌蚪腹部及尾部有出血斑块，故又称红斑病，患病蝌蚪在水中打转一段时间后，沉入水底死亡。

（2）防治方法　①定期消毒水体，保持饵料卫生，及时清除残饵。②将蝌蚪高度集中在网箱内，按每万尾蝌蚪用 50 万单位青霉素和 50 万单位链霉素浸泡 0.5 小时，疗效显著。

3. 气泡病　由池水过肥或水质不洁，水中某些气体（氧气、一氧化碳、甲烷、硫化氢等）过饱和而引起。在高温季节，孵化池中的藻类大量繁殖，光合作用旺盛，产生大量氧气气泡，如果被蝌蚪吞食，会造成本病。孵化池中剩余饵料长时间沉积在水底不断发酵水解，释放出一氧化碳、甲烷、硫化氢等气体，如果被蝌蚪吞食，也容易引发本病。

（1）症状　患气泡病的蝌蚪肠内充气，致使身体腹部膨胀，浮于水面，难于下潜，游动迟缓，摄食困难，严重者死亡。

（2）防治方法　①经常换水，改善水质，消除重金属盐类。②补充富含钙和维生素的饵料。

4. 红腿病　由嗜水单胞菌及不产酸菌株等革兰氏阴性菌所致。该病传染快，死亡率高，危害大。

（1）症状　发病个体精神不振、活动能力减弱、腹部膨胀、口和肛门有带血的黏液。发病初期后肢趾尖红肿，有出血点，很快蔓延到整个后肢。解剖可见腹腔有大量积水，肝、脾、肾肿大并有出血点，胃肠充血，并充满黏液。

（2）防治方法　①定期换水，保持水质清新；控制合理的养殖密度，定时定量投喂食物；及时将发病个体分离，控制疾病蔓延。②用 3%食盐溶液浸泡病蝌蚪 20 分钟。在饵料中加拌磺胺嘧啶，每 1000 克加 1～2 克。每日 1 次，连续用药 3 天。

5. 胃肠炎　多与水质不清洁、饵料不卫生有关。

（1）症状　蝌蚪发病初期活动异常，常浮于水的上层，游动不止，食欲下降，肛门处常拖有线状粪便难于排掉，解剖可见蝌蚪的肠壁充血肿胀发炎。

（2）防治方法　①保持水质清新，适当换水，定期对水体消毒；饵料要洁净卫生，不饲喂发霉、变质的饲料；发现病死蝌蚪必须及时清除，防止疾病蔓延。②发病初期，在饲喂的饵料中添加治疗药物，即在每千克饲料中添加健胃片或酵母片 1 片，痢特灵 1 片，研成粉末，与饲料混合均匀之后饲喂。连续用药 3 天，每日 1 次，即可治愈。

（二）蛙病防治

林蛙在高密度人工养殖环境中，病害发生会日渐严重。由于林蛙个体小，密度大，病后无法逐个治疗，必须以防为主。患病后可按病情用以下方法，千万不要用一些带有药剂的饲料和畜禽用药，以免造成药害。

1. 红腿病

（1）症状　病蛙伏地，精神不振，不摄食，大腿内侧及腹部出现红斑，严重者红肿，常与肠炎病并发，死亡率较高。

（2）防治方法　发现有病蛙及时将病蛙隔离饲养，用 0.05% 高锰酸钾或 0.05% 硫酸铜溶液全区消毒，每周 1 次连续 3 周，同时用磺胺脒、土霉素、氟哌酸，病毒灵等消炎药物拌虫饲喂，每 1000 克虫内拌药 1 克，每次喂 3～5 天，可控制本病。

2. 烂皮病　主要由坏死杆菌感染所致。

（1）症状　病蛙初期瞳孔出现黑色粒状突起，很快全眼变白，失去视觉，背皮失去光泽而脱落，皮肤出现溃疡，最初溃疡灶为白色小点状，继而溃疡灶逐渐扩大，使皮肤烂掉，严重者肌肉溃烂，露出骨骼，多见于四肢，有的林蛙足部溃烂，随即脚趾和指烂掉，有的鼻孔前方吻部皮肤也发生溃烂。病蛙常潜居阴暗处，严重者拒食。

（2）防治方法　用 0.015% 漂白粉混悬液全区消毒；每周 1 次，用维生素 A 营养粉按 1%～2% 拌入虫内饲喂 5 天；发现病蛙及时隔离饲养。

3. 肠炎病

（1）症状　病蛙栖息，不安，东爬西窜，反应迟钝，食欲不振，常与红腿病并发，偶有脱肛现象。

（2）防治方法　用0.01%～0.02%漂白粉混悬液消毒蛙，每周1次，连续3周。每1000克虫中加压碎的增效磺胺脒1克，酵母片2克，与虫拌匀，饲喂3天可治愈。

4. 曲线虫病　主要由曲线虫菌所致。

（1）症状　病蛙症状为头抬起向上往一面歪斜，病蛙焦躁，跳跃时往一边使劲，不爱采食，病死率高。

（2）防治方法　用0.007%硫酸铜溶液全场消毒，用土霉素、磺胺脒1克压碎后拌入1000克虫内，喂饲林蛙5天即可治愈。

5. 寄生虫病

（1）症状　林蛙体瘦，不爱摄食，病蛙可感染多种寄生虫，有的林蛙皮肤上寄生扁蜂，死亡较重。

（2）防治方法　每1000克虫拌和压碎的丙硫咪唑5片饲喂林蛙，效果较好。

七、林蛙的捕收

人工养殖林蛙，管理良好，饲养得当，比野生条件下生长快得多。林蛙生长2年以上即为成蛙，可以捕收、取油。但二龄林蛙输卵管细小，产油量低；三龄以上的雌蛙输卵管肥厚，质量好产油量高，因此一般采收三龄以上的林蛙。

林蛙的捕收在秋季和冬季均可进行，但冬季捕捞操作工作量大，且若保温不当易出现劣质的红油。秋季捕捞的林蛙油质量好，林蛙肥胖，经济价值很高，捕捞气温适宜，干制快，是捕捞林蛙的大好时机。每年9～11月份为捕蛙季节，霜降期间采得的蛙油质量最好。

　　捕收时,在林蛙回归前,于越冬池边上围上塑料布,高度和角度与围栏一样,在围栏连接处拉上网,网眼要求是使二龄以上的蛙钻不过去,当年幼蛙可以进入越冬池。也可在围栏外面挖几个坑,坑的深度一般为 66 厘米,宽 82.5 厘米。使林蛙掉入坑内用网捕收。捕收成蛙时,要注意选留种蛙。

八、林蛙初加工技术

　　林蛙油的加工方法分干制法和鲜剥法两种,常用的加工方法是干制法。

(一)干 制 法

　　它包括穿串,干制,软化,剥油 4 个步骤。

　　1. 穿串　将捕捉的雌蛙分成大、中、小三级,分别穿串晾晒。穿串时用铁丝或麻绳将林蛙的两鼻孔穿成串,间隔 2 厘米,每串 50～100 只不等,平行挂于通风干燥处,要活着穿串,任其自然挣扎死亡,这样蛙油成块便于取油,质量好,切记不可摔死或用热水烫死,否则会影响取油及油的质量。

　　2. 干制　干制方法有自然干燥和机械干燥两种。自然干燥又分日晒法和室内干燥法。日晒是将蛙串放在阳光下晒干。在晴天条件下,经 6～7 天可基本干燥。一般秋季捕捉的林蛙可采用此方法,但遇到阴雨天,需将蛙串移回室内干燥,否则会因卵巢腐烂而出现黑油。为了加速干燥和增加收益,将活蛙串先放于室内 1 天后,在蛙活着时用剪刀将其两后肢剪下,放出血液,这样会加速干燥 1～2 天,同时剪下的后肢可出售食用,是味道极美的食品。剪后肢时注意不要剪破腹部,否则会污染林蛙油。室内干燥是用火炕或火炉加温干燥,将蛙串挂于室内空中,保持室温 20℃～25℃,经 4 天可基本干燥。一般冬季捕捉的林蛙多采用室内干燥法以避免室外冻干而出现冻油等劣质油。人工养殖林蛙产量大，需用干燥室干燥，或用火炕、火炉干燥。如若烘干，必须在空气中干燥1天使蛙体体重减轻30%～40%，再放在火炕上烘干。目前最好的干燥方法是机械干燥法。它是采用烘干箱进行干燥。方法是将活蛙穿串，挂于室外，待自然死亡后放于烘干箱内，温度定在50℃～55℃，约经48小时，可完全干燥，采用机械干燥法省时省力，速度快，加工出来的油块质量好，无污染，且在50℃～55℃条件下可避免蛋白质、脂肪等的变性，提高油的营养价值。

3. 软化 从干燥好的蛙体中取油之前，首先将蛙干从铁丝上取下，放于60℃～70℃的水中浸泡1～2分钟，捞出后装入湿麻袋里，上面再盖上一层温湿的麻袋闷1小时左右即可剥油。

4. 剥油 剥油的方法有3种：一种是将蛙头自颈部向背面折断连同脊柱一块撕下，从蛙体背面撕开腹部，取出蛙油；另一种是撕下肋骨及脊柱，从背面撕开腹部取出蛙油；最后1种是将两前肢左右方向朝上掰开，露出腹部，然后用锋利小刀或竹片剖开腹部去掉内脏及卵巢取出蛙油。剥油时要注意尽量取尽油块，不要弄碎和丢掉细小油块，特别是注意将延伸到肺根附近的小块油取尽，并将肝、肾和卵粒从油块中挑出。

剥出的林蛙油放于通风干燥处3～5天让其充分干燥。也可放于烘干箱内烘干。

（二）鲜剥法

将活蛙装入桶内，用60℃～70℃的水烫死后迅速捞出，用手术刀或剪刀剪开蛙体正中线，剪至胸部再向左右各剪开一横口，用小镊子夹住输卵管，先从下边连接子宫的部位剪断，再剪断输卵管背面的系膜，一边剪一边用镊子提输卵管，一直剪到肺根附近，将输卵管全部剪下再剪另一根，放于室外晒干，但易沾染灰尘，最好放进烘干箱内烘干，这样干燥过程中无污染。在50℃～55℃条件下经 2～4 天可彻底干燥。

　　干燥的林蛙油为不规则的块状,大小不一、凹凸不平,颜色有金黄色、黄白色或黑色等,具有脂肪样光泽。根据林蛙油的色泽,块的大小及含杂质多少等,国家收购规格分成 4 等,用塑料袋包装后,外用木制、铁制或玻璃制的容器盛装,放置于通风干燥处,贮存时注意防潮、发霉和虫蛀,以确保林蛙油的质量。

附　录

一、中药材生产质量管理规范

第一章　总　则

第一条　为规范中药材生产,保证中药材质量,促进中药标准化、现代化,制订本规范。

第二条　本规范是中药材生产和质量管理的基本准则,适用于中药材生产企业(以下简称生产企业)生产中药材(含植物、动物药)的全过程。

第三条　生产企业应运用规范化管理和质量监控手段,保护野生药材资源和生态环境,坚持"最大持续产量"原则,实现资源的可持续利用。

第二章　产地生态环境

第四条　生产企业应按中药材产地适宜性优化原则,因地制宜,合理布局。

第五条　中药材产地的环境应符合国家相应标准:

空气应符合大气环境质量二级标准;土壤应符合土壤质量二级标准;灌溉水应符合农田灌溉水质量标准;药用动物饮用水应符合生活饮用水质量标准。

第六条　药用动物养殖企业应满足动物种群对生态因子的需求及与生活、繁殖等相适应的条件。

第三章　种质和繁殖材料

第七条　对养殖、栽培或野生采集的药用动植物,应准确鉴定其物种,包括亚种、变种或品种,记录其中文名及学名。

第八条　种子、菌种和繁殖材料在生产、储运过程中应实行检验和检疫制度以保证质量和防止病虫害及杂草的传播;防止伪劣种子、菌种和繁殖材料的交易与传播。

第九条　应按动物习性进行药用动物的引种及驯化。捕捉和运输时应避免动物机体和精神损伤。引种动物必须严格检疫,并进行一定时间的隔离、观察。

第十条　加强中药材良种选育、配种工作,建立良种繁育基地,保护药用动植物种质资源。

第四章　栽培与养殖管理

第一节　药用植物栽培管理

第十一条　根据药用植物生长发育要求,确定栽培适宜区域,并制定相应的种植规程。

第十二条　根据药用植物的营养特点及土壤的供肥能力,确定施肥种类、时间和数量,施用肥料的种类以有机肥为主,根据不同药用植物物种生长发育的需要有限度地使用化学肥料。

第十三条　允许施用经充分腐熟达到无害化卫生标准的农家肥。禁止施用城市生活垃圾、工业垃圾及医院垃圾和粪便。

第十四条　根据药用植物不同生长发育时期的需水规律及气候条件、土壤水分状况,适时、合理灌溉和排水,保持土壤的良好通气条件。

第十五条　根据药用植物生长发育特性和不同的药用部位,加强田间管理,及时采取打顶、摘蕾、整枝修剪、覆盖遮荫等栽培措施,调控植株生长发育,提高药材产量,保持质量稳定。

第十六条　药用植物病虫害的防治应采取综合防治策略。如必须施用农药时,应按照《中华人民共和国农药管理条例》的规定,采用最小有效剂量并选用高效、低毒、低残留农药,以降低农药残留和重金属污染,保护生态环境。

第二节　药用动物养殖管理

第十七条　根据药用动物生存环境、食性、行为特点及对环境的适应能力等,确定相应的养殖方式和方法,制定相应的养殖规程和管理制度。

第十八条　根据药用动物的季节活动、昼夜活动规律及不同生长周期和生理特点,科学配制饲料,定时定量投喂。适时适量地补充精料、维生素、矿物质及其它必要的添加剂,不得添加激素、类激素等添加剂。饲料及添加剂应无污染。

第十九条　药用动物养殖应视季节、气温、通气等情况,确定给水的时间及次数。草食动物应尽可能通过多食青绿多汁的饲料补充水分。

第二十条　根据药用动物栖息、行为等特性,建造具有一定空间的固定场所及必要的安全设施。

第二十一条　养殖环境应保持清洁卫生,建立消毒制度,并选用适当消毒剂对动物的生活场所、设备等进行定期消毒。加强对进入养殖场所人员的管理。

第二十二条　药用动物的疫病防治,应以预防为主,定期接种疫苗。

第二十三条　合理划分养殖区,对群饲药用动物要有适当密度。发现患病动物,应及时隔离。患传染病动物应处死,火化或深埋。

第二十四条　根据养殖计划和育种需要,确定动物群的组成与结构,适时周转。

第二十五条　禁止将中毒、感染疫病的药用动物加工成中药材。

第五章　采收与初加工

第二十六条　野生或半野生药用动植物的采集应坚持"最大持续产量"原则,应有计划地进行野生抚育、轮采与封育,以利生物的繁衍与资源的更新。

第二十七条　根据产品质量及植物单位面积产量或动物养殖数量,并参考传统采收经验等因素确定适宜的采收时间(包括采收期、采收年限)和方法。

第二十八条　采收机械、器具应保持清洁、无污染,存放在无虫鼠害和禽畜的干燥场所。

第二十九条　采收及初加工过程中应尽可能排除非药用部分及异物,特别是杂草及有毒物质,剔除破损、腐烂变质的部分。

第三十条　药用部分采收后,经过拣选、清洗、切制或修整等适宜的加工,需干燥的应采用适宜的方法和技术迅速干燥,并控制温度和湿度,使中药材不受污染,有效成分不被破坏。

第三十一条　鲜用药材可采用冷藏、砂藏、罐贮、生物保鲜等适宜的保鲜方法,尽可能不使用保鲜剂和防腐剂。如必须使用时,应符合国家对食品添加剂的有关规定。

第三十二条　加工场地应清洁、通风,具有遮阳、防雨和防鼠、虫及禽畜的设施。

第三十三条　地道药材应按传统方法进行加工。如有改动,应提供充分试验数据,不得影响药材质量。

第六章　包装、运输与贮藏

第三十四条　包装前应检查并清除劣质品及异物。包装应按标准操作规程操作，并有批包装记录，其内容应包括品名、规格、产地、批号、重量、包装工号、包装日期等。

第三十五条　所使用的包装材料应是清洁、干燥、无污染、无破损，并符合药材质量要求。

第三十六条　在每件药材包装上，应注明品名、规格、产地、批号、包装日期、生产单位，并附有质量合格的标志。

第三十七条　易破碎的药材应使用坚固的箱盒包装；毒性、麻醉性、贵细药材应使用特殊包装，并应贴上相应的标记。

第三十八条　药材批量运输时，不应与其它有毒、有害、易串味物质混装。运载容器应具有较好的通气性，以保持干燥，并应有防潮措施。

第三十九条　药材仓库应通风、干燥、避光，必要时安装空调及除湿设备，并具有防鼠、虫、禽畜的措施。地面应整洁、无缝隙、易清洁。

药材应存放在货架上，与墙壁保持足够距离，防止虫蛀、霉变、腐烂、泛油等现象发生，并定期检查。

在应用传统贮藏方法的同时，应注意选用现代贮藏保管新技术、新设备。

第七章　质量管理

第四十条　生产企业应设质量管理部门，负责中药材生产全过程的监督管理和质量监控，并应配备与药材生产规模、品种检验要求相适应的人员、场所、仪器和设备。

第四十一条　质量管理部门的主要职责：

（一）负责环境监测、卫生管理。

（二）负责生产资料、包装材料及药材的检验，并出具检验报告。

（三）负责制定培训计划，并监督实施。

（四）负责制订和管理质量文件，并对生产、包装、检验等各种原始记录进行管理。

第四十二条　药材包装前，质量检验部门应对每批药材，按中药材国家标准或经审核批准的中药材标准进行检验。检验项目应至少包括药材性状与鉴别、杂质、水分、灰分与酸不溶性灰分、浸出物、指标性成分或有效成分含量。农药残留量、重金属及微生物限度均应符合国家标准和有关规定。

第四十三条　检验报告应由检验人员、质量检验部门负责人签章。检验报告应存档。

第四十四条　不合格的中药材不得出场和销售。

第八章　人员和设备

第四十五条　生产企业的技术负责人应有药学或农学、畜牧学等相关专业的大专以上学历，并有药材生产实践经验。

第四十六条　质量管理部门负责人应有大专以上学历，并有药材质量管理经验。

第四十七条　从事中药材生产的人员均应具有基本的中药学、农学或畜牧学常识，并经生产技术、安全及卫生学知识培训。从事田间工作的人员应熟悉栽培技术，特别是农药的施用及防护技术；从事养殖的人员应熟悉养殖技术。

第四十八条　从事加工、包装、检验人员应定期进行健康检查，患有传染病、皮肤病或外伤性疾病等不得从事直接接触药材的工作。生产企业应配备专人负责环境卫生及个人卫生检查。

第四十九条　对从事中药材生产的有关人员应定期培训与考核。

第五十条　中药材产地应设厕所或盥洗室，排出物不应对环境及产品造成污染。

第五十一条　生产企业生产和检验用的仪器、仪表、量具、衡器等其适用范围和精密度应符合生产和检验的要求，有明显的状态标志，并定期校验。

第九章　文件管理

第五十二条　生产企业应有生产管理、质量管理等标准操作规程。

第五十三条　每种中药材的生产全过程均应详细记录，必要时可附照片或图像。记录应包括：

（一）种子、菌种和繁殖材料的来源。

（二）生产技术与过程。

1. 药用植物播种的时间、数量及面积；育苗、移栽以及肥料的种类、施用时间、施用量、施用方法；农药中包括杀虫剂、杀菌剂及除莠剂的种类、施用量、施用时间和方法等。

2. 药用动物养殖日志、周转计划、选配种记录、产仔或产卵记录、病例病志、死亡报告书、死亡登记表、检免疫统计表、饲料配合表、饲料消耗记录、谱系登记表、后裔鉴定表等。

3. 药用部分的采收时间、采收量、鲜重和加工、干燥、干燥减重、运输、贮藏等。

4. 气象资料及小气候的记录等。

5. 药材的质量评价：药材性状及各项检测的记录。

第五十四条　所有原始记录、生产计划及执行情况、合同及协议书等均应存档，至少保存 5 年。档案资料应有专人保管。

第十章　附　则

第五十五条　本规范所用术语：

（一）中药材指药用植物、动物的药用部分采收后经产地初加工形成的原料药材。

（二）中药材生产企业指具有一定规模、按一定程序进行药用植物栽培或动物养殖、药材初加工、包装、储存等生产过程的单位。

（三）最大持续产量即不危害生态环境，可持续生产（采收）的最大产量。

（四）地道药材传统中药材中具有特定的种质、特定的产区或特定的生产技术和加工方法所生产的中药材。

（五）种子、菌种和繁殖材料植物（含菌物）可供繁殖用的器官、组织、细胞等，菌物的菌丝、子实体等；动物的种物、仔、卵等。

（六）病虫害综合防治从生物与环境整体观点出发，本着预防为主的指导思想和安全、有效、经济、简便的原则，因地制宜，合理运用生物的、农业的、化学的方法及其他有效生态手段，把病虫的危害控制在经济阈值以下，以达到提高经济效益和生态效益之目的。

（七）半野生药用动植物指野生或逸为野生的药用动植物辅以适当人工抚育和中耕、除草、施肥或喂料等管理的动植物种群。

第五十六条　本规范由国家药品监督管理局负责解释。

第五十七条　本规范自 2002 年 6 月 1 日起施行。

二、中药材生产质量管理
规范认证管理办法(试行)

GAP 是中药材生产质量规范的简称,是为确保中药材的质量而定。从生态环境、种质到栽培、采收到运输、包装,每一个环节都要处在严格的控制之下。

第一条 根据《药品管理法》及《药品管理法实施条例》的有关规定,为加强中药材生产的监督管理,规范《中药材生产质量管理规范(试行)》(英文名称为 Good Agricultural Practicefor Chinese Crude Drugs,简称中药材 GAP)认证工作,制定本办法。

第二条 国家食品药品监督管理局负责全国中药材 GAP 认证工作;负责中药材 GAP 认证检查评定标准及相关文件的制定、修订工作;负责中药材 GAP 认证检查员的培训、考核和聘任等管理工作。

国家食品药品监督管理局药品认证管理中心(以下简称"局认证中心")承担中药材 GAP 认证的具体工作。

第三条 省、自治区、直辖市食品药品监督管理局(药品监督管理局)负责本行政区域内中药材生产企业的 GAP 认证申报资料初审和通过中药材 GAP 认证企业的日常监督管理工作。

第四条 申请中药材 GAP 认证的中药材生产企业,其申报的品种至少完成一个生产周期。申报时需填写《中药材 GAP 认证申请表》(一式二份),并向所在省、自治区、直辖市食品药品监督管理局(药品监督管理局)提交以下资料:

(一)《营业执照》(复印件)。

(二)申报品种的种植(养殖)历史和规模、产地生态环境、品种来源及鉴定、种质来源、野生资源分布情况和中药材动植物生长习性资料、良种繁育情况、适宜采收时间(采收年限、采收期)及确定依据、病虫害综合防治情况、中药材质量控制及评价情况等。

(三)中药材生产企业概况,包括组织形式并附组织机构图(注明各部门名称及职责)、运营机制、人员结构,企业负责人、生产和质量部门负责人背景资料(包括专业、学历和经历)、人员培训情况等。

(四)种植(养殖)流程图及关键技术控制点。

(五)种植(养殖)区域布置图(标明规模、产量、范围)。

(六)种植(养殖)地点选择依据及标准。

(七)产地生态环境检测报告(包括土壤、灌溉水、大气环境)、品种来源鉴定报告、法定及企业内控质量标准(包括质量标准依据及起草说明)、取样方法及质量检测报告书,历年来质量控制及检测情况。

(八)中药材生产管理、质量管理文件目录。

(九)企业实施中药材 GAP 自查情况总结资料。

第五条　省、自治区、直辖市食品药品监督管理局(药品监督管理局)应当自收到中药材 GAP 认证申报资料之日起 40 个工作日内提出初审意见。符合规定的,将初审意见及认证资料转报国家食品药品监督管理局。

第六条　国家食品药品监督管理局组织对初审合格的中药材 GAP 认证资料进行形式审查,必要时可请专家论证,审查工作时限为 5 个工作日(若需组织专家论证,可延长至 30 个工作日)。符合要求的予以受理并转局认证中心。

第七条　局认证中心在收到申请资料后 30 个工作日内提出技术审查意见,制订现场检查方案。检查方案的内容包括日程安排、检查项目、检查组成员及分工等,如需核实的问题应列入检查范围。现场检查时间一般安排在该品种的采收期,时间一般为 3~5 天,必要时可适当延长。

第八条　检查组成员的选派遵循本行政区域内回避原则,一般由 3~5名检查员组成。根据检查工作需要,可临时聘任有关专家担任检查员。

第九条　省、自治区、直辖市食品药品监督管理局(药品监督管理局)可选派 1 名负责中药材生产监督管理的人员作为观察员,联络、协调检查有关事宜。

第十条　现场检查首次会议应确认检查品种,落实检查日程,宣布检查纪律和注意事项,确定企业的检查陪同人员。检查陪同人员必须是企业负责人或中药材生产、质量管理部门负责人,熟悉中药材生产全过程,并能够解答检查组提出的有关问题。

第十一条　检查组必须严格按照预定的现场检查方案对企业实施中药材 GAP 的情况进行检查。对检查发现的缺陷项目如实记录,必要时应予取证。检查中如需企业提供的资料，企业应及时提供。

第十二条　现场检查结束后，由检查组长组织检查组讨论做出综合评定意见，形成书面报告。综合评定期间，被检查企业人员应予回避。

第十三条　现场检查报告须检查组全体人员签字，并附缺陷项目、检查员记录、有异议问题的意见及相关证据资料。

第十四条　现场检查末次会议应现场宣布综合评定意见。被检查企业可安排有关人员参加。企业如对评定意见及检查发现的缺陷项目有不同意见，可作适当解释、说明。检查组对企业提出的合理意见应予采纳。

第十五条　检查中发现的缺陷项目，须经检查组全体人员和被检查企业负责人签字，双方各执一份。如有不能达成共识的问题，检查组须做好记录，经检查组全体成员和被检查企业负责人签字，双方各执一份。

第十六条　现场检查报告、缺陷项目表、每个检查员现场检查记录和原始评价及相关资料应在检查工作结束后5个工作日内报送局认证中心。

第十七条　局认证中心在收到现场检查报告后20个工作日内进行技术审核，符合规定的，报国家食品药品监督管理局审批。符合《中药材生产质量管理规范》的，颁发《中药材GAP证书》并予以公告。

第十八条　对经现场检查不符合中药材GAP认证标准的，不予通过中药材GAP认证，由局认证中心向被检查企业发认证不合格通知书。

第十九条　认证不合格企业再次申请中药材GAP认证的，以及取得中药材GAP证书后改变种植（养殖）区域（地点）或扩大规模等，应按本办法第四条规定办理。

第二十条　《中药材GAP证书》有效期一般为5年。生产企业应在《中药材GAP证书》有限期满前6个月，按本办法第四条的规定重新申请中药材GAP认证。

第二十一条　《中药材GAP证书》由国家食品药品监督管理局统一印制，应当载明证书编号、企业名称、法定代表人、企业负责人、注册地址、种植（养殖）区域（地点）、认证品种、种植（养殖）规模、发证机关、发证日期、有效期限等项目。

第二十二条　中药材GAP认证检查员须具备下列条件：

（一）遵纪守法、廉洁正派、坚持原则、实事求是。

（二）熟悉和掌握国家药品监督管理相关的法律、法规和方针政策。

（三）具有中药学相关专业大学以上学历或中级以上职称，并具有 5 年以上从事中药材研究、监督管理、生产质量管理相关工作实践经验。

（四）能够正确理解中药材 GAP 的原则，准确掌握中药 GAP 认证检查标准。

（五）身体状况能胜任现场检查工作，无传染性疾病。

（六）能服从选派，积极参加中药材 GAP 认证现场检查工作。

第二十三条　中药材 GAP 认证检查员应经所在单位推荐，填写《国家中药材 GAP 认证检查员推荐表》，由省级食品药品监督管理局（药品监督管理局）签署意见后报国家食品药品监督管理局进行资格认定。

第二十四条　国家食品药品监督管理局负责对中药材 GAP 认证检查员进行年审，不合格的予以解聘。

第二十五条　中药材 GAP 认证检查员受国家食品药品监督管理局的委派，承担对生产企业的中药材 GAP 认证现场检查、跟踪检查等项工作。

第二十六条　中药材 GAP 认证检查员必须加强自身修养和知识更新，不断提高中药材 GAP 认证检查的业务知识和政策水平。

第二十七条　中药材 GAP 认证检查员必须遵守中药材 GAP 认证检查员守则和现场检查纪律。对违反有关规定的，予以批评教育，情节严重的，取消中药材 GAP 认证检查员资格。

第二十八条　国家食品药品监督管理局负责组织对取得《中药材 GAP 证书》的企业，根据品种生长特点确定检查频次和重点进行跟踪检查。

第二十九条　在《中药材 GAP 证书》有效期内，省、自治区、直辖市食品药品监督管理局（药品监督管理局）负责每年对企业跟踪检查一次，跟踪检查情况应及时报国家食品药品监督管理局。

第三十条　取得《中药材 GAP 证书》的企业，如发生重大质量问题或者未按照中药材 GAP 组织生产的，国家食品药品监督管理局将予以警告，并责令改正；情节严重的，将吊销其《中药材 GAP 证书》。

第三十一条　取得《中药材 GAP 证书》的中药材生产企业，如发现申报过程采取弄虚作假骗取证书的，或以非认证企业生产的中药材冒充认证企业生产的中药材销售和使用等严重问题的，一经核实，国家食品药品监督管理局将吊销其《中药材 GAP 证书》。

第三十二条　中药材生产企业《中药材 GAP 证书》登记事项发生变更

的,应在事项发生变更之日起 30 日内,向国家食品药品监督管理局申请办理变更手续,国家食品药品监督管理应在 15 个工作日内做出相应变更。

第三十三条 中药材生产企业终止生产中药材或者关闭的,由国家食品药品监督管理局收回《中药材 GAP 证书》。

第三十四条 申请中药材 GAP 认证的中药材生产企业应按照有关规定缴纳认证费用。未按规定缴纳认证费用的,中止认证或收回《中药材 GAP 证书》。

第三十五条 本办法由国家食品药品监督管理局负责解释。

第三十六条 本办法自 2003 年 11 月 1 日起施行。

主要参考文献

［1］ 中国科学院植物研究所．中国高等植物图鉴（补编第一册）．北京：科学出版社，1985.

［2］ 江苏省植物研究所，等．新华本草纲要（第一册）．上海：上海科学技术出版社，1988.

［3］ 李爱民．北五味子规范化栽培与加工技术［M］．北京：劳动社会保障出版社，2001.

［4］ 景士西．园艺植物育种学．北京：中国农业出版社，2002.

［5］ 廖励，程惠珍，杨智．中药材规范化种植（养殖）技术指南．北京：中国农业出版社，2006.

［6］ 方成武，王文全．中药资源学．北京：科学出版社，2005.

金盾版图书,科学实用,
通俗易懂,物美价廉,欢迎选购

中草药饲料添加剂的配制与应用	14.00 元	猪无公害高效养殖	12.00 元
城郊农村如何发展畜禽养殖业	14.00 元	猪高效养殖教材	6.00 元
养殖畜禽动物福利解读	11.00 元	猪标准化生产技术	9.00 元
实用畜禽繁殖技术	17.00 元	猪健康高效养殖	12.00 元
畜禽营养与标准化饲养	55.00 元	图说高效养猪关键技术	18.00 元
畜禽养殖场消毒指南	8.50 元	猪饲养员培训教材	9.00 元
猪配种员培训教材	9.00 元	塑料暖棚养猪技术	8.00 元
猪人工授精技术 100 题	6.00 元	瘦肉型猪饲养技术(修订版)	7.50 元
猪人工授精技术图解	16.00 元	中国香猪养殖实用技术	5.00 元
怎样提高规模猪场繁殖效率	18.00 元	肥育猪科学饲养技术(修订版)	10.00 元
猪良种引种指导	9.00 元	小猪科学饲养技术(修订版)	8.00 元
猪饲料配方 700 例(修订版)	10.00 元	母猪科学饲养技术(修订版)	10.00 元
猪饲料科学配制与应用	11.00 元	猪病中西医结合治疗	12.00 元
怎样应用猪饲养标准与常用饲料成分表	14.00 元	猪病诊治 150 问	13.00 元
现代中国养猪	98.00 元	猪病鉴别诊断与防治	13.00 元
科学养猪指南(修订版)	23.00 元	猪病鉴别诊断与防治原色图谱	30.00 元
简明科学养猪手册	9.00 元	猪场兽医师手册	42.00 元
科学养猪(修订版)	14.00 元	猪场流行病防控技术问答	12.00 元
家庭科学养猪(修订版)	7.50 元	猪病防治手册(第三次修订版)	16.00 元
怎样提高养猪效益	9.00 元		
猪养殖技术问答	14.00 元	猪病诊断与防治原色图谱(第 2 版)	18.00 元
快速养猪法(第四次修订版)	9.00 元	养猪场猪病防治(第二	

订版）	10.00元	狐的人工授精与饲养	4.50元
兔病诊断与防治原色图谱	19.50元	图说高效养狐关键技术	8.50元
兔出血症及其防制	4.50元	北极狐四季养殖新技术	7.50元
兔病鉴别诊断与防治	7.00元	狐标准化生产技术	7.00元
兔场兽医师手册	45.00元	怎样提高养狐效益	13.00元
兔产品实用加工技术	11.00元	实用养貉技术（修订版）	5.50元
家兔防疫员培训教材	9.00元	貉标准化生产技术	7.50元
实用毛皮动物养殖技术	15.00元	图说高效养貉关键技术	8.00元
毛皮兽养殖技术问答（修订版）	12.00元	怎样提高养貉效益	11.00元
毛皮动物饲养员培训教材	9.00元	乌苏里貂四季养殖新技术	11.00元
毛皮兽疾病防治	10.00元	实用养狍新技术	15.00元
新编毛皮动物疾病防治	12.00元	麝鼠养殖和取香技术	4.00元
毛皮动物防疫员培训教材	9.00元	人工养麝与取香技术	6.00元
毛皮加工及质量鉴定	6.00元	海狸鼠养殖技术问答（修订版）	6.00元
茸鹿饲养新技术	11.00元	果子狸驯养与利用	8.50元
水貂养殖技术	5.50元	艾虎黄鼬养殖技术	4.00元
实用水貂养殖技术	8.00元	肉狗的饲养管理（修订版）	5.00元
水貂标准化生产技术	7.00元	肉狗标准化生产技术	14.00元
图说高效养水貂关键技术	12.00元	中外名犬的饲养训练与鉴赏	19.50元
图说毛皮动物毛色遗传及繁育新技术	14.00元	藏獒的选择与繁殖	13.00元
怎样提高养水貂效益	11.00元	藏獒饲养管理与疾病防治	20.00元
养狐实用新技术（修订版）	10.00元	新编训犬指南	12.00元

以上图书由全国各地新华书店经销。凡向本社邮购图书或音像制品，可通过邮局汇款，在汇单"附言"栏填写所购书目，邮购图书均可享受9折优惠。购书30元（按打折后实款计算）以上的免收邮挂费，购书不足30元的按邮局资费标准收取3元挂号费，邮寄费由我社承担。邮购地址：北京市丰台区晓月中路29号，邮政编码：100072，联系人：金友，电话：(010)83210681、83210682、83219215、83219217（传真）。